普通高等教育“十三五”规划教材

大学物理学习训练

(上)

主编　龚艳春　武文远
参编　何苏红　吴方平　王　黎

机械工业出版社

本书为大学物理课程学习的课外训练题集，包含30个练习，根据教学进度按一课一练的方式编写。每个练习均根据《军队院校大学物理课程教学大纲》(2017试训稿) 列出了相关知识点和教学基本要求，并按教学要求设计习题。较难掌握的或重要的物理知识和物理方法等知识点，在本书前后相关的若干个练习中多次出现，以达到循序渐进、逐步强化的训练效果；在习题的选取上不仅注重物理知识的学习，更注重物理方法和能力的训练。

本书可作为理工科各专业大学物理课程的练习材料。

图书在版编目 (CIP) 数据

大学物理学习训练．上/龚艳春，武文远主编．—北京：机械工业出版社，2018.12 (2024.11重印)
普通高等教育“十三五”规划教材
ISBN 978-7-111-61382-4

Ⅰ．①大…　Ⅱ．①龚…②武…　Ⅲ．①物理学-高等学校-习题集
Ⅳ．①O4-44

中国版本图书馆CIP数据核字 (2018) 第257173号

机械工业出版社 (北京市百万庄大街22号　邮政编码100037)
策划编辑：李永联　责任编辑：李永联　张金奎
责任校对：潘　蕊　封面设计：马精明
责任印制：郜　敏
中煤 (北京) 印务有限公司印刷
2024年11月第1版第9次印刷
210mm×297mm · 6印张 · 186千字
标准书号：ISBN 978-7-111-61382-4
定价：20.00元

前　言

一、关于本书

《大学物理学习训练》分上、下两册，本册为上册，依据《军队院校大学物理课程教学大纲》(2017试训稿)编写。书中试题包括选择题、填空题、计算题、问(简)答题、证明题、作图题等多种形式，以巩固和加强学员对物理基本概念、基本规律的理解以及对物理基本方法的应用，在选题上体现了基础性和梯度化，注重微积分、矢量代数的应用和数字计算的训练，同时每一练习均给出了相关的知识点和相应的教学基本要求，便于学员自学和把握课程重点。

根据教学内容和学时安排，《大学物理学习训练(上)》共包含30个练习，每个练习包含选择题3～6道，填空题4～6道，计算题3～5道，有的练习还有问(简)答题、证明题、作图题，总题量12～15道，供课外作业使用，部分习题也可供课内练习使用。

本书所有练习均提供了参考解答，尤其计算题，还提供了详细的解答过程。

二、致学员和教员

本书为一课一练，采用裱糊活页的形式，每个练习为正、反两个版面，学员需要将解答写在相应的空白处。作业应独立完成，书写应工整清晰，计算题应有较为详细的过程和必要的说明。为养成良好的矢量应用的习惯，要求学员在书写矢量时，必须在代表矢量字母的上方以平箭头表示。学员每次作业只需上交本次练习的活页，教员在学员完成作业并上交后提供纸质版练习参考答案。教员对学员作业评阅后进行记录，作为课程平时成绩的重要依据。教员在评阅后应将习题纸及时返还学员，以便复习时参考。

本书由龚艳春、武文远主编，龚艳春统稿，何苏红、吴方平、王黎参与了本书的编写工作。陆军工程大学基础部及物理教研室对本书的编写给予了大力支持，在此一并表示感谢。

由于编者水平有限，难免存在谬误，读者在使用过程中，如发现任何问题，请与我们联系，以便改进。

编　者

2018年10月

目　　录

练习一　描述质点运动的物理量

专业________　学号________　姓名________　成绩________

相关知识点： 质点、参考系、位置矢量、位移、路程、运动方程、速度、速率、加速度

教学基本要求：

(1) 理解质点、参考系、坐标系的概念。

(2) 理解位置矢量、位移、运动方程、速度、加速度等概念及其关系。

(3) 掌握位置矢量、位移、速度、加速度在直角坐标系下的表示方法。

一、选择题

1. 某质点做直线运动的运动方程为 $x=3t-5t^3+6$(SI)，则该质点做　(　　)

(A) 匀加速直线运动，加速度沿 x 轴正方向。　(B) 匀加速直线运动，加速度沿 x 轴负方向。

(C) 变加速直线运动，加速度沿 x 轴正方向。　(D) 变加速直线运动，加速度沿 x 轴负方向。

2. 一质点做直线运动，某时刻的瞬时速度 $v=2\text{m/s}$，瞬时加速度 $a=-2\ \text{m/s}^2$，则 1s 后质点的速度　(　　)

(A) 等于零。　(B) 等于 $-2\ \text{m/s}^2$。

(C) 等于 $2\ \text{m/s}^2$。　(D) 不能确定。

3. 一质点沿 x 轴做直线运动，其 v-t 曲线如选择题 1-3 图所示，若 $t=0$ 时，质点位于坐标原点，那么 $t=4.5\text{s}$ 时，质点在 x 轴上的位置为　(　　)

(A) 5m。　(B) 2m。　(C) 0。

(D) -2m。　(E) -5m。

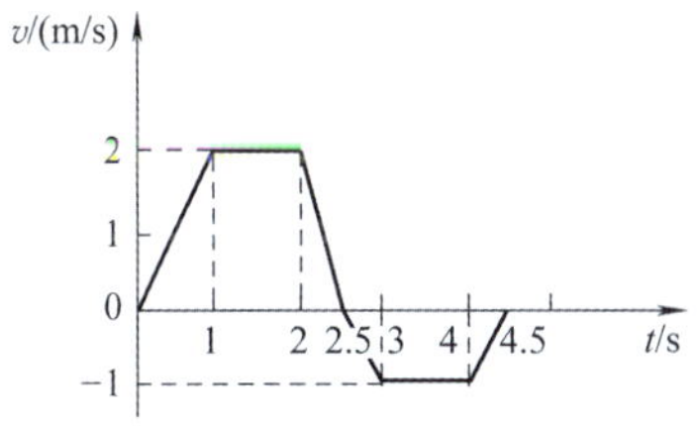

选择题 1-3 图

4. 下列说法中，正确的是：　(　　)

(A) 一物体若具有恒定的速率，则没有变化的速度。

(B) 一物体具有恒定的速度，但仍有变化的速率。

(C) 一物体具有恒定的加速度，则其速度不可能为零。

(D) 一物体具有沿 x 轴正方向的加速度和沿 x 轴负方向的速度。

二、填空题

1. 在平面直角坐标系（Oxy）中，若某质点在时刻 t 的位置坐标为（3m，5m），则该质点的位置矢量为________；经过时间 Δt，该质点移动到位置（7m，8m）处，则在 Δt 时间内，该质点的位移为__________。

2. 某质点 t 时刻的速度为 $\boldsymbol{v}=(3\boldsymbol{i}+4\boldsymbol{j})\text{m/s}$，经过 2s，质点的速度变化 $\Delta\boldsymbol{v}=(2\boldsymbol{i}+\boldsymbol{j})\text{m/s}$，此时质点的速度大小为________，方向为________。

3. 两辆车 A 和 B，在笔直的公路上同向行驶，它们从同一起始线上同时出发，并且由出发开始计时，行驶的距离 x 与行驶时间 t 的函数关系式为 $x_A=4t+t^2$，$x_B=2t^2+2t^3$(SI)，则

(1) 它们刚离开出发点时，行驶在前面的一辆车是____________；

(2) 出发后，两辆车行驶距离相同的时刻是________________；

(3) 出发后，车 B 相对车 A 速度为零的时刻是________________。

4. 一质点做直线运动，其坐标 x 与时间 t 的关系曲线如填空题 1-4 图所示，则该质点在第________s 瞬时速度为零；在第______s 至第______s 间速度与加速度同方向。

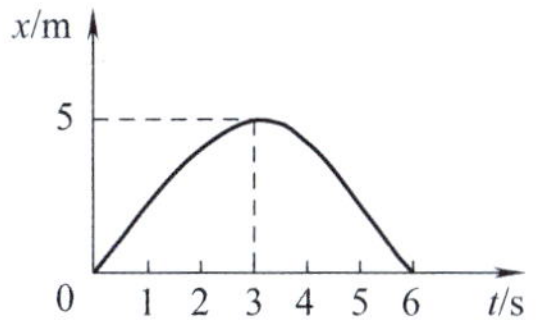

填空题 1-4 图

三、计算题

1. 一小球沿斜面向上运动，其运动方程为 $x=5+4t-t^2$(SI)，求小球运动到最高点的时刻。

2. 一质点沿 x 轴运动的规律是 $x=t^2-4t+5$(SI)，求前 3s 内质点的位移和路程。

3. 一质点沿 x 轴运动，坐标与时间的变化关系为 $x=4t-2t^3$(SI)，试计算：
(1) 在最初 2s 内的平均速度和 2s 末的瞬时速度；(2) 1s 末到 3s 末的位移和平均速度；
(3) 1s 末到 3s 末的平均加速度；(4) 3s 末的瞬时加速度。

4. 一质点由静止开始做直线运动，初始加速度为 a_0，以后加速度均匀增加，每经过时间 τ 增加 a_0，求经过时间 t 后质点运动的速度和位移。

5. 一小轿车做直线运动，刹车时速度为 v_0，刹车后其加速度与速度成正比而反向，即 $a=-kv$，k 为已知的大于零的常量。试求：(1) 刹车后轿车的速度与时间的函数关系；(2) 刹车后轿车最多能行多远？

练习二　直线运动与平面曲线运动　运动叠加原理

专业________　学号________　姓名________　成绩________

相关知识点：运动的合成与分解、抛体运动、一般平面曲线运动的两类运动学问题

教学基本要求：

（1）理解运动叠加原理。

（2）理解两类运动学问题。

（3）会应用矢量、微积分等数学工具解决两类运动学问题。

一、选择题

1. 一质点在平面上做一般曲线运动，其瞬时速度为 $\boldsymbol{v}$，瞬时速率为 v，某一时间内的平均速度为 $\overline{\boldsymbol{v}}$，平均速率为 $\overline{v}$，它们之间的关系必定有　（　　）

（A）$|\boldsymbol{v}|=v$，$|\overline{\boldsymbol{v}}|=\overline{v}$。　（B）$|\boldsymbol{v}|\neq v$，$|\overline{\boldsymbol{v}}|=\overline{v}$。

（C）$|\boldsymbol{v}|\neq v$，$|\overline{\boldsymbol{v}}|\neq\overline{v}$。　（D）$|\boldsymbol{v}|=v$，$|\overline{\boldsymbol{v}}|\neq\overline{v}$。

2. 以下五种运动形式中，$\boldsymbol{a}$ 保持不变的运动是　（　　）

（A）单摆的运动。　（B）匀速率圆周运动。　（C）行星的椭圆轨道运动。

（D）抛体运动。　（E）圆锥摆运动。

3. 在高台上分别沿45°仰角方向和水平方向，以同样速率投出两颗小石子，忽略空气阻力，则它们落地时速度　（　　）

（A）大小不同，方向不同。　（B）大小相同，方向不同。

（C）大小相同，方向相同。　（D）大小不同，方向相同。

4. 一质点的运动方程是 $\boldsymbol{r}=R\cos\omega t\boldsymbol{i}+R\sin\omega t\boldsymbol{j}$，R、$\omega$ 为正常数。从 $t=\frac{\pi}{\omega}$ 到 $t=\frac{2\pi}{\omega}$ 时间内，

（1）该质点的位移是　（　　）

（A）$-2R\boldsymbol{i}$。　（B）$2R\boldsymbol{i}$。　（C）$-2\boldsymbol{j}$。　（D）0。

（2）该质点经过的路程是　（　　）

（A）$2R$。　（B）πR。　（C）0。　（D）$\pi R\omega$。

二、填空题

1. 当半径为 R 的轮子在水平面上以角速度 ω 做无滑动滚动时，轮边缘上任一质点的运动学方程为 $\boldsymbol{r}=(\omega Rt-R\sin\omega t)\boldsymbol{i}+(R-R\cos\omega t)\boldsymbol{j}$，其中 $\boldsymbol{i}$、$\boldsymbol{j}$ 分别为 x、y 直角坐标轴上的单位矢量，则该质点的速度为__________，速率为________，加速度的大小为________。

2. 一质点的运动学方程为 $x=3t+5$，$y=0.5t^2+3t+4$(SI)。以时间 t 为变量，质点位置矢量的表达式为______________，质点的速度表达式为____________，在 $t=4$s 时质点速度的大小为______________。

3. 一质点沿直线运动，其运动学方程为 $x=6t-t^2$(SI)，则在 t 由 0 至 4s 的时间间隔内，质点的位移大小为________，在 t 由 0 到 4s 的时间间隔内质点走过的路程为__________。

4. 一物体在某瞬时以初速度 $\boldsymbol{v}_0$ 从某点开始运动，在 Δt 时间内，经一长度为 s 的曲线路径后又回到出发点，此时速度为 $-\boldsymbol{v}_0$，则在这段时间内：（1）物体的平均速率是________；（2）物体的平均加速度是__________。

5. 质点沿半径为 R 的圆周做匀速率圆周运动，每时间 T 转一圈，则在 $2T$ 时间间隔内中，质点的平均速度大小为________，平均速率为________。

三、计算题

1. 一物体从某一确定高度以 $\boldsymbol{v}_0$ 的初速度水平抛出，已知它落地时的速率为 v_t，求它的运动时间。

2. AB 杆以匀速 $\boldsymbol{u}$ 沿 x 轴正方向运动，带动套在抛物线（$y^2=2px$，$p>0$）导轨上的小环，如计算题 2-2 图所示。已知 $t=0$ 时，AB 杆与 y 轴重合，求：(1) 小环的速度 $\boldsymbol{v}$；(2) 小环的加速度 $\boldsymbol{a}$。

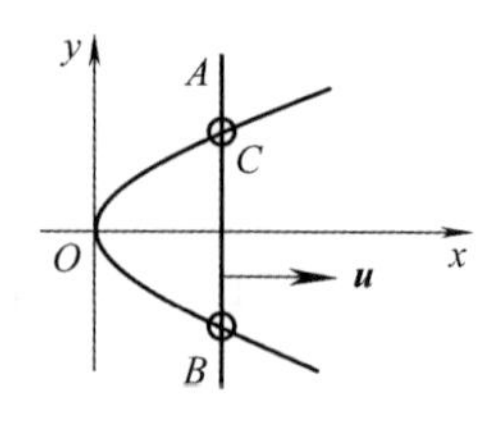

计算题 2-2 图

3. 一质点运动的加速度为 $\boldsymbol{a}=2t\boldsymbol{i}+3t^2\boldsymbol{j}$，初始速度与初始位移均为零，求该质点的运动学方程以及 $t=2\text{s}$ 时该质点的速度。

4. 一细直杆 AB 竖直地靠在墙壁上，B 端沿水平方向以速度 $\boldsymbol{v}$ 滑离墙壁，试求当细杆运动到计算题 2-4 图所示位置时，细杆中点 C 的速度的大小和方向。

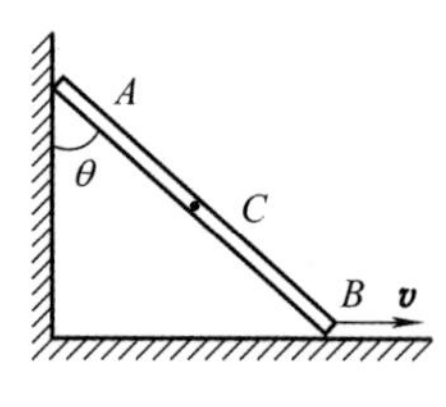

计算题 2-4 图

四、证明题

将任意多个质点从某一点以同样大小的速率 v_0，在同一竖直面内沿不同方向同时抛出，试证明：在任一时刻这些质点均分散在某一圆周上。

练习三　圆周运动　切向加速度与法向加速度

专业________　学号________　姓名________　成绩________

相关知识点： 圆周运动的角量描述、切向加速度和法向加速度

教学基本要求：

(1) 理解圆周运动角速度、角加速度、切向加速度、法向加速度等概念。

(2) 理解圆周运动角量和线量之间的关系。

(3) 会计算质点做圆周运动时的角速度、角加速度。

一、选择题

1. 当一个质点在做匀速率圆周运动时，　　(　　)

(A) 切向加速度改变，法向加速度也改变。　(B) 切向加速度不变，法向加速度改变。

(C) 切向加速度不变，法向加速度也不变。　(D) 切向加速度改变，法向加速度不变。

2. 对于沿曲线运动的物体，以下几种说法中哪一种是正确的？　　(　　)

(A) 切向加速度必不为零。

(B) 法向加速度必不为零（拐点处除外）。

(C) 由于速度沿切线方向，法向分速度必为零，因此法向加速度必为零。

(D) 若物体做匀速率运动，其总加速度必为零。

(E) 若物体的加速度 $\boldsymbol{a}$ 为恒矢量，它一定做匀变速率运动。

3. 质点做半径为 R 的变速圆周运动时的加速度大小为（v 表示任一时刻质点的速率）　　(　　)

(A) $\dfrac{\mathrm{d}v}{\mathrm{d}t}$。　(B) $\dfrac{v^2}{R}$。　(C) $\dfrac{\mathrm{d}v}{\mathrm{d}t}+\dfrac{v^2}{R}$。　(D) $\sqrt{\left(\dfrac{\mathrm{d}v}{\mathrm{d}t}\right)^2+\dfrac{v^4}{R^2}}$。

4. 一质点沿圆周运动，其速率随时间成正比增大，a_t 为切向加速度的大小，a_n 为法向加速度的大小，加速度矢量 $\boldsymbol{a}$ 与速度矢量 $\boldsymbol{v}$ 间的夹角为 φ（见选择题 3-4 图）。在质点运动过程中，　　(　　)

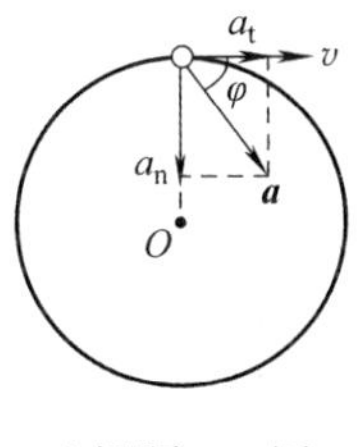

(A) a_t 增大，a_n 增大，φ 不变。　(B) a_t 不变，a_n 增大，φ 增大。

(C) a_t 不变，a_n 不变，φ 不变。　(D) a_t 增大，a_n 不变，φ 减小。

选择题 3-4 图

5. 质点沿轨道 AB 做曲线运动，速率逐渐减小，图中哪一种情况正确地表示了质点在 C 处的加速度？　　(　　)

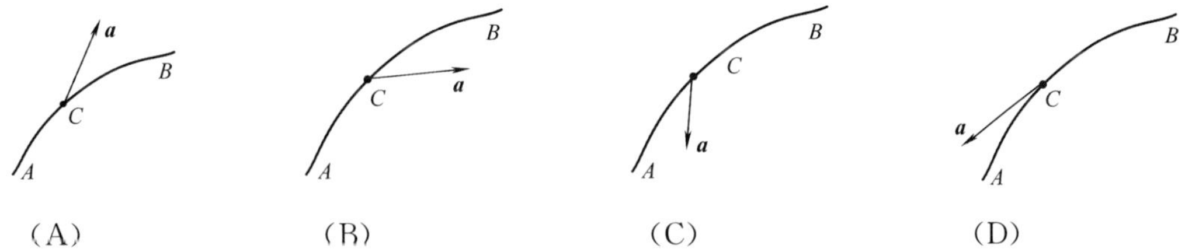

二、填空题

1. 某质点做圆周运动，其角运动方程 $\theta=\pi t+\pi t^2$ (SI)，则质点的角加速度为 $\alpha=$________ $\mathrm{rad/s^2}$。

2. 一质点从静止出发沿半径为 3 m 的圆周运动，切向加速度大小为 $3\mathrm{m/s^2}$，则经过______s 后它的总加速度恰好与半径成 45°角。在此时间内质点经过的路程为______m，角位移为________rad。

3. 在 xy 平面内有一运动质点，其运动学方程为 $\boldsymbol{r}=10\cos5t\boldsymbol{i}+10\sin5t\boldsymbol{j}$ (SI)，则 $t=0$ 时刻其速度 $\boldsymbol{v}=$__________；其切向加速度的大小 $a_t=$________；该质点运动的轨迹是________。

4. 一质点以初速率 v_0 和抛射角 θ_0 做斜抛运动，则到达最高处的速度大小为______，切向加速度大小为_______，法向加速度大小为________，合加速度大小为______。

5. 试说明质点做何种运动时，将出现下述各种情况（$v\neq0$）。

（A）$a_t\neq0$，$a_n\neq0$ ________________。

（B）$a_t\neq0$，$a_n=0$ ________________。

（C）$a_t=0$，$a_n\neq0$ ________________。

三、计算题

1. 一质点沿半径为 R 的圆周运动，其角坐标的运动方程为 $\theta=kt^3$（k 为常数），（1）求质点的速度和加速度大小；（2）t 为何值时，该质点的切向加速度大小等于法向加速度大小？

2. 质点 P 在水平面内沿一半径为 $R=1\text{m}$ 的圆轨道转动，转动的角速度 ω 与时间 t 的函数关系为 $\omega=kt^2$，已知 $t=2\text{s}$ 时，质点 P 的速率为 16m/s，试求 $t=1\text{s}$ 时，质点 P 的速率与加速度的大小。

3. 一质点沿半径为 R 的圆周运动，质点所经过的弧长与时间的关系为 $s=bt+\frac{1}{2}ct^2$，其中 b、c 为常量，且 $Rc>b^2$。求切向加速度与法向加速度大小相等之前所经历的时间。

4. 一物体做如计算题 3-4 图所示的斜抛运动，测得在轨道 P 点处速度大小为 v，其方向与水平方向成 30°角。试求物体在 P 点的切向加速度大小和轨道的曲率半径。

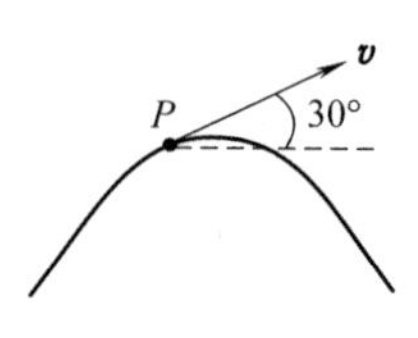

计算题 3-4 图

练习四　相对运动　质点运动学综合

专业________　学号________　姓名________　成绩________

相关知识点：相对运动、伽利略速度变换关系、运动学两类问题

教学基本要求：

(1) 理解相对运动；理解伽利略速度变换关系；了解绝对时空观。

(2) 会用伽利略速度变换关系处理简单的相对运动问题。

(3) 掌握应用矢量、微积分等数学工具解决运动学两类问题的基本方法。

一、选择题

1. 在做自由落体运动的升降机内，某人竖直上抛一弹性球，此人会观察到　(　　)

(A) 球匀减速地上升，达最大高度后匀加速下落。

(B) 球匀速地上升，与顶板碰撞后匀速下落。

(C) 球匀减速地上升，与顶板接触后停留在那里。

(D) 球匀减速地上升，达最大高度后停留在那里。

2. 在相对地面静止的坐标系内，A、B两船都以2m/s的速率匀速行驶，船A沿x轴负向，船B沿y轴正向。今在船A上设置与静止坐标系方向相同的坐标系（x，y方向单位矢量用$\boldsymbol{i}$、$\boldsymbol{j}$表示），那么在船A上的坐标系中，船B的速度（以m/s为单位）为　(　　)

(A) $2\boldsymbol{i}+2\boldsymbol{j}$。　(B) $2\boldsymbol{i}-2\boldsymbol{j}$。　(C) $-2\boldsymbol{i}+2\boldsymbol{j}$。　(D) $-2\boldsymbol{i}-2\boldsymbol{j}$。

3. 一条河在某一段直线岸边同侧有A、B两个码头，相距1km。甲、乙两人需要从码头A到码头B，再立即由B返回。甲划船前去，船相对河水的速度为4km/h；而乙沿岸步行，步行速度也为4km/h。若河水流速为2km/h，方向从A到B，则　(　　)

(A) 甲比乙晚10min回到A。　(B) 甲和乙同时回到A。

(C) 甲比乙早10min回到A。　(D) 甲比乙早2min回到A。

4. 某人骑自行车以速率v向西行驶，今有风以相同速率从北偏东30°方向吹来，那么人感到风吹来的方向是　(　　)

(A) 北偏东30°。　(B) 南偏东30°。　(C) 北偏西30°。　(D) 西偏南30°。

5. 质点做曲线运动，$\boldsymbol{r}$表示位置矢量，$\boldsymbol{v}$表示速度，$\boldsymbol{a}$表示加速度，s表示路程，a_t表示切向加速度，下列表达式中，　(　　)

(1) $\mathrm{d}v/\mathrm{d}t=a$　(2) $\mathrm{d}r/\mathrm{d}t=v$　(3) $\mathrm{d}s/\mathrm{d}t=v$　(4) $|\mathrm{d}\boldsymbol{v}/\mathrm{d}t|=a_t$

(A) 只有 (1)、(4) 是对的。　(B) 只有 (2)、(4) 是对的。

(C) 只有 (2) 是对的。　(D) 只有 (3) 是对的。

二、填空题

1. 在水平飞行的飞机上向前发射一颗炮弹，发射后飞机的速率为v_0，炮弹相对于飞机的速率为v。略去空气阻力，则 (1) 以地球为参考系，炮弹的轨迹方程为________________，(2) 以飞机为参考系，炮弹的轨迹方程为________________。

2. 轮船在水上以相对于水的速度$\boldsymbol{v}_1$航行，水流速度为$\boldsymbol{v}_2$，一人相对于甲板以速度$\boldsymbol{v}_3$行走。若人相对于岸静止，则$\boldsymbol{v}_1$、$\boldsymbol{v}_2$和$\boldsymbol{v}_3$的关系是________________。

3. 一质点沿半径为0.1m的圆周运动，其速率随时间变化的关系为$v=3+\frac{1}{2}t^2$，其中v的单位为米每秒（m/s），t的单位为秒（s），则t时刻质点的切向加速度为$a_t=$______，角加速度$\alpha=$______。

4. 质点运动方程为$x=2t$，$y=t^2$(SI)，则在$t=1$s时质点的加速度$\boldsymbol{a}=$__________，$t=1$s时质点的切向加速度大小$a_t=$________。

5. 一质点沿半径为 0.2m 的圆周运动，其角位置随时间的变化规律是 $\theta=6+5t^2$ (SI)。在 $t=2$s 时，它的法向加速度大小 $a_n=$________；切向加速度大小 $a_t=$________。

6. 某物体做直线运动，其运动规律为 $dv/dt=-kv^2t$，式中的 k 为大于零的常量。当 $t=0$ 时，初速为 v_0，则速度 v 与时间 t 的函数关系是____________________。

三、计算题

1. 飞机 A 以 $v_A=1000$km/h 的速率相对于地面向南飞行，同时另一架飞机 B 以 $v_B=1000$km/h 的速率相对于地面向东偏南 30°方向飞行。求飞机 A 相对于飞机 B 的速度和飞机 B 相对于飞机 A 的速度。

2. 一质点在 xOy 平面上运动。已知 $v_x=2$m/s，$y=4t^2-8$，在 $t=0$ 时 $x_0=0$（以 m 为单位）。

(1) 写出该质点运动方程的矢量式；

(2) 求质点在 $t=1$s 和 $t=2$s 时的位置矢量和这 1s 内的位移；

(3) 求 $t=2$s 时质点的速度和加速度。

3. 距河岸（可看成直线）500 m 处有一艘静止的船，船上的探照灯以转速 $n=1$r/min 转动。当光束与岸边成 60°角时，求光束沿岸边移动的速率 v。

四、作图题

1. $\boldsymbol{r}(t)$ 与 $\boldsymbol{r}(t+\Delta t)$ 为某质点在不同时刻的位置矢量，$\boldsymbol{v}(t)$ 与 $\boldsymbol{v}(t+\Delta t)$ 为不同时刻的速度矢量，试在作图题 4-1 图中分别画出 $\Delta\boldsymbol{r}$、Δr 以及 $\Delta\boldsymbol{v}$、Δv。

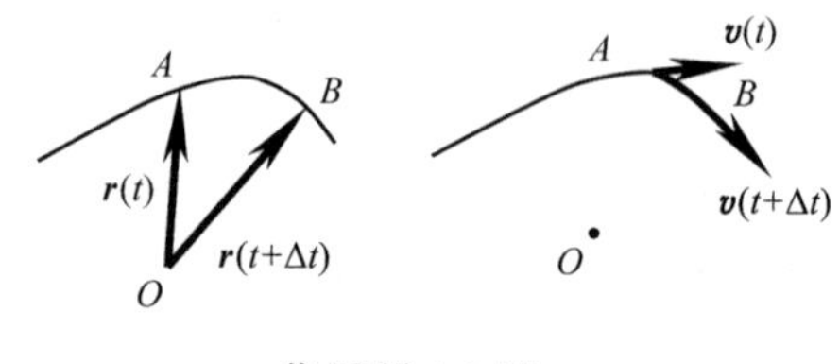

作图题 4-1 图

练习五　牛顿运动定律及应用

专业________　学号________　姓名________　成绩________

相关知识点： 力、牛顿运动定律、惯性系、非惯性系

教学基本要求：

(1) 了解力学中常见的力，了解惯性系、非惯性系。

(2) 理解牛顿运动定律及其适用条件。

(3) 掌握应用牛顿运动定律处理质点动力学问题的基本方法。

一、选择题

1. 一质点从 $t=0$ 时刻开始，在力 $\boldsymbol{F}_1=3\boldsymbol{i}+2\boldsymbol{j}$(SI) 和 $\boldsymbol{F}_2=-2\boldsymbol{i}-t\boldsymbol{j}$(SI)的共同作用下在 xOy 平面上运动，则在 $t=2\text{s}$ 时，质点的加速度方向沿　（　　）

(A) x 轴正向。　(B) x 轴负向。　(C) y 轴正向。　(D) y 轴负向。

2. 一轻绳跨过一定滑轮，两端各系一重物，它们的质量分别为 m_1 和 m_2，且 $m_1>m_2$（滑轮质量及一切摩擦均不计），此时系统的加速度大小为 a，今用一竖直向下的恒力 $F=m_1g$ 代替质量为 m_1 的重物，系统的加速度大小为 a'，则有　（　　）

(A) $a'=a$。　(B) $a'>a$。

(C) $a'<a$。　(D) 条件不足，无法确定。

3. 质量分别为 m 和 m' 的滑块 A 和 B，叠放在光滑水平桌面上，如选择题 5-3 图所示。A、B 间静摩擦因数为 μ_s，动摩擦因数为 μ_k，系统原处于静止。今有一水平力作用于 A 上，要使 A、B 不发生相对滑动，则应有　（　　）

选择题 5-3 图

(A) $F\leqslant\mu_s mg$。

(B) $F\leqslant\mu_s(1+m/m')mg$。

(C) $F\leqslant\mu_s(m+m')g$。

(D) $F\leqslant\mu_k(1+m/m')mg$。

4. 如选择题 5-4 图所示，质量相等的两物体 A、B 分别固定在轻弹簧的两端，竖直静止在光滑水平支持面上，若把支持面快速抽走，则在抽走的瞬间，A、B 的加速度大小分别为　（　　）

(A) $a_A=0$，$a_B=g$。　(B) $a_A=g$，$a_B=0$。

(C) $a_A=2g$，$a_B=0$。　(D) $a_A=0$，$a_B=2g$。

选择题 5-4 图

二、填空题

1. 如填空题 5-1 图所示，把一根匀质细棒 AC 放置在光滑桌面上，已知棒的质量为 m'，长为 L。今用一大小为 F 的力沿水平方向推棒的左端。设想把棒分成 AB、BC 两段，且 $BC=0.2L$，则 AB 段对 BC 段的作用力大小为______。

填空题 5-1 图

2. 质量为 m 的质点，在变力 $F=F_0(1-kt)$(F_0 和 k 均为常量)作用下沿 Ox 轴做直线运动。若已知 $t=0$ 时，质点处于坐标原点，速度为 v_0，则质点运动微分方程为______________，质点速度随时间变化规律为 $v=$______________，质点运动学方程为 $x=$______________。

3. 如填空题 5-3 图所示，质量分别为 m_1、m_2 和 m_3 的物体叠在一起，当三物体匀速下落时，m_2 受到的合外力大小为______；当它们自由下落时，m_3 受到的合外力大小为______；当它们以加速度 a 上升时，m_1 受到的合外力大小为______；当它们以加速度 a 下降时，三物体系统受到的合外力大小为______。

填空题 5-3 图

三、计算题

1. 质量为 0.25kg 的质点，受 $\boldsymbol{F}=t\,\boldsymbol{i}$(N) 的力作用，$t=0$ 时该质点以 $\boldsymbol{v}=2\boldsymbol{j}$ m/s 的速度通过坐标原点，求该质点任意时刻的位置矢量。

2. 雨点从高空自静止开始下落，设运动过程中受到的重力始终保持不变，而空气的阻力与其速率成正比，为 $F_{阻}=-kv$，其中 k 为一常量。试求雨点的速度随时间的变化规律。

3. 质量分别为 m_1 和 m_2 的两木块用一细绳拉紧，沿一倾角为 θ 且固定的斜面下滑，如计算题 5-3 图所示，m_1 和 m_2 与斜面间的动摩擦因数分别为 μ_1 和 μ_2，且 $\mu_1<\mu_2$，求下滑过程中 m_1 的加速度、m_2 的加速度以及绳中的张力。

计算题 5-3 图

4. 一学生为确定一个盒子与一块平板间的静摩擦因数 μ_s 和动摩擦因数 μ，他将盒子置于平板上，逐渐抬高平板的一端，当板的倾角为 30°时，盒子开始滑动，并恰好在 4s 内滑下 4m 的距离，试据此求两个摩擦因数。

四、简答题

1. 如简答题 5-1 图所示，一个由绳子悬挂着的物体在水平面内做匀速圆周运动（称为圆锥摆），有人在重力的方向上求合力，写出 $F\cos\theta-G=0$，另有人沿绳子拉力 $\boldsymbol{F}$ 的方向求合力，写出 $F-G\cos\theta=0$，显然两者不能同时成立。指出哪一个式子是错误的，为什么？

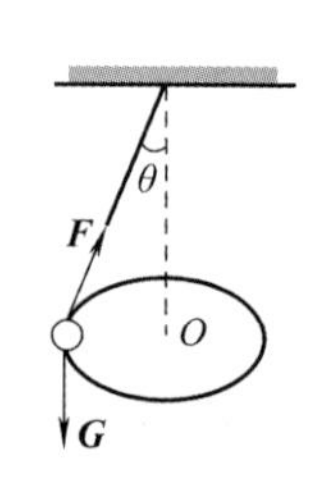

简答题 5-1 图

练习六　冲量　动量定理

专业________　学号________　姓名________　成绩________

相关知识点：动量、冲量、质点动量定理、质点系动量定理、质心、质心运动定理

教学基本要求：

（1）理解动量和冲量的概念。

（2）理解质点和质点系动量定理。

（3）理解质心的概念和质心运动定理。

（4）会分析简单质点系的动量、冲量问题。

一、选择题

1. 两大小和质量均相同的小球，一为弹性球，另一为非弹性球，当它们从同一高度落下与地面碰撞时，则　　（　　）

（A）地面给予两球的冲量相同。　　（B）地面给予弹性球的冲量较大。

（C）地面给予非弹性球的冲量较大。　　（D）无法确定冲量谁大谁小。

2. 质量分别为 m_A 和 m_B（$m_A>m_B$）、速率分别为 v_A 和 v_B（$v_A>v_B$）的两质点 A 和 B，受到相同的冲量作用，则　　（　　）

（A）A 的动量增量的绝对值比 B 的小。　　（B）A 的动量增量的绝对值比 B 的大。

（C）A、B 的动量增量相等。　　（D）A 、B 的速度增量相等。

3. 质量为 m 的铁锤竖直向下打在桩上而静止，设打击时间为 Δt，打击前锤的速率为 v，则打击时铁锤受到的合外力大小应为　　（　　）

（A）$(mv/\Delta t)+mg$。　　（B）mg。

（C）$(mv/\Delta t)-mg$。　　（D）$mv/\Delta t$。

4. 质量为 20g 的子弹沿 x 轴正向以 500m/s 的速率射入一木块后，与木块一起仍沿 x 轴正向以 50m/s 的速率前进，在此过程中木块所受冲量为　　（　　）

（A）9 N·s。　　（B）−9 N·s。　　（C）10 N·s。　　（D）−10 N·s。

5. 一质量为 m 的弹性球，以速率 v 沿与水平面成 45°撞在水平放置的钢板上，并以相同的角度和速率弹出，则作用于球的冲量大小和方向应为　　（　　）

（A）大小为 $2mv$，方向竖直向上。　　（B）大小为 $2mv$，方向竖直向下。

（C）大小为 $\sqrt{2}mv$，方向竖直向下。　　（D）大小为 $\sqrt{2}mv$，方向竖直向上。

二、填空题

1. 在一辆相对地面以速率 v 运动的大型平板车上，站有质量同为 m 的两人，其中甲相对于车静止，乙则以 v 相对车向车运动的反方向跑动，则甲相对地面的动量为____________，乙相对地面的动量为____________。

2. 一质量为 2kg 的质点在恒力 $\boldsymbol{F}_1$ 和 $\boldsymbol{F}_2$ 作用下由静止开始运动，已知 $\boldsymbol{F}_1=(5\boldsymbol{i}+4\boldsymbol{j})$N，经 5s 后，测得质点的速度为 $\boldsymbol{v}=(2\boldsymbol{i}+3\boldsymbol{j})$m/s，则该过程中 $\boldsymbol{F}_1$ 和 $\boldsymbol{F}_2$ 作用于质点的冲量分别为____________和____________。

3. 机关枪每分钟发射 240 发子弹，每发子弹的质量为 10g，出射速率为 900m/s，则机关枪受到的平均反冲力为____________。

4. 质量为 m 的人站在一质量为 m' 的船上，开始时，人相对船静止，船以速度 $\boldsymbol{u}$ 航行，忽略水的阻力，当人沿船航行方向以速率 v 由船尾走向船头时，人、船构成系统的总动量为________。

5. 有两艘停在湖上的船，它们之间用一根很轻的绳子连接。设第一艘船和人的总质量为 250kg，第二艘船的总质量为 500kg，水的阻力不计。现在站在第一艘船上的人用 $F=50$N 的水平力来拉绳子，则

5s 后第一艘船的速度大小为________，第二艘船的速度大小为____________。

三、计算题

1. 两飞船通过置于它们之间的少量炸药爆炸而分离开来，若两飞船的质量分别为 1200kg 和 1800kg，爆炸力产生的冲量为 600N·s，求两飞船分离的相对速率。

2. 一颗子弹在枪筒里前进时所受的合力大小可表示为 $F=400-\frac{4\times10^5}{3}t^3$ (SI)，子弹从枪口射出时的速率为 300m/s。设子弹离开枪口处合力刚好为零，求：(1) 子弹走完枪筒全长所用的时间 t；(2) 子弹在枪筒中所受力的冲量 I；(3) 子弹的质量 m。

3. 质量 $m=10$kg 的物体置于光滑水平面上，在水平拉力 $\boldsymbol{F}$ 的作用下由静止开始做直线运动，若拉力随时间变化关系如计算题 6-3 图所示，求 $t=4.0$s 时物体的速率。

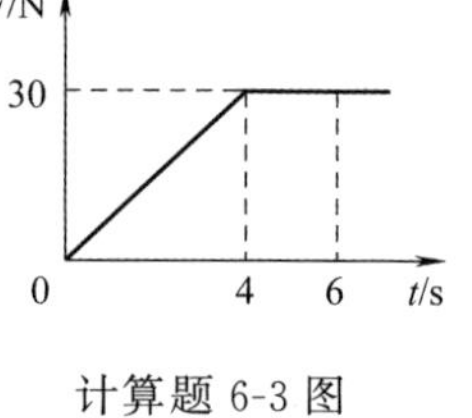

计算题 6-3 图

4. 质量为 1kg 的物体，它与水平桌面间的摩擦因数 $\mu=0.2$。现对物体施以大小为 $F=10t$ (SI) 的力 (t 表示时间)，力的方向一定，如计算题 6-4 图所示。如 $t=0$ 时物体静止，则 $t=3$s 时它的速度大小 v 为多少？(加速度 g 取值 9.8m/s^2)

计算题 6-4 图

5. 长为 l 的细杆的密度 ρ 按关系式 $\rho=\rho_0 x/l$ 随 x 变化，其中 x 是从细杆的一端算起的距离，ρ_0 为常量，试求该细杆质心的位置。

练习七　动量守恒定律及其应用　质点的角动量定理与角动量守恒定律

专业________　学号________　姓名________　成绩________

相关知识点： 动量守恒定律、火箭飞行原理、质点的角动量、角动量定理、角动量守恒定律

教学基本要求：

（1）理解动量守恒定律及其适用条件。

（2）掌握用动量定理和动量守恒定律求解质点（系）的动力学问题的方法。

（3）了解火箭飞行原理。

（4）理解质点的角动量、角动量定理，理解质点的角动量守恒定律及其适用条件。

一、选择题

1. 如选择题 7-1 图所示，将一长木板安上轮子放在光滑平面上，两质量不同的人由板的两端从静止开始以相对于板相同的速率相向行走，则板的运动状况是：（　　）

（A）静止不动。　（B）朝质量大的人的一端移动。

（C）朝质量小的人的一端移动。　（D）无法确定。

选择题 7-1 图

2. 在水平冰面上以一定速度向东行驶的炮车，向东南（斜向上）方向发射一炮弹，对于炮车和炮弹这一系统，在此过程中（忽略冰面摩擦力及空气阻力），（　　）

（A）总动量守恒。

（B）总动量在炮身前进的方向上的分量守恒，其他方向动量不守恒。

（C）总动量在水平面上任意方向的分量守恒，竖直方向分量不守恒。

（D）总动量在任何方向的分量均不守恒。

3. 人造地球卫星绕地球做椭圆轨道运动，地球在椭圆的一个焦点上，则卫星的（　　）

（A）动量不守恒，动能守恒。　（B）动量守恒，动能不守恒。

（C）对地心的角动量守恒，动能不守恒。　（D）对地心的角动量不守恒，动能守恒。

4. 一船浮于静水中，船长 L，质量为 m，一个质量也为 m 的人从船尾走到船头。不计水和空气的阻力，则在此过程中船将（　　）

（A）不动。　（B）后退 L。　（C）后退 $L/2$。　（D）后退 $L/3$。

二、填空题

1. 如填空题 7-1 图所示，一小车质量 $m_1=200\text{kg}$，车上放一装有沙子的箱子，其质量 $m_2=100\text{kg}$。已知小车与沙箱以 $v_0=3.5\text{km/h}$ 的速率一起在光滑的直线轨道上前进，现将一质量 $m_3=50\text{kg}$ 的物体 A 垂直落入沙箱中，则此后小车的运动速率为________。

2. A、B 两木块质量分别为 m_A 和 m_B，且 $m_B=2m_A$，两者用一轻弹簧连接后静止于光滑水平桌面上，如填空题 7-2 图所示。若用外力将两木块压近使弹簧被压缩，然后将外力撤去，则此后两木块运动动能之比 $E_{kA}/E_{kB}=$________。

3. 质量为 20g 的子弹以 400m/s 的速率沿填空题 7-3 图所示方向射入一原来静止的质量为 980g 的摆球中，摆线长度不可伸缩，子弹射入后与摆球一起运动的速率为________。

填空题 7-1 图　　填空题 7-2 图　　填空题 7-3 图　　填空题 7-4 图

4. 如填空题 7-4 图所示，一质量 $m=2200\text{kg}$ 的汽车以 $v=60\text{km/h}$ 的速度沿一平直公路前进，那么汽车对公路一侧距公路 $d=50\text{m}$ 的一点 P_1 的角动量大小为__________，汽车对公路上任一点 P_2 的角动量大小为________。

5. 在 xOy 平面上，一质量为 0.006kg 的子弹在直线 $y=4$ 上沿 x 轴正方向匀速运动，速率为 $v=500\text{m/s}$（见填空题 7-5 图）。当该子弹运动到 $x=3\text{m}$处时，子弹对原点 O 的角动量大小为________ $\text{kg}\cdot\text{m}^2\cdot\text{s}^{-1}$。

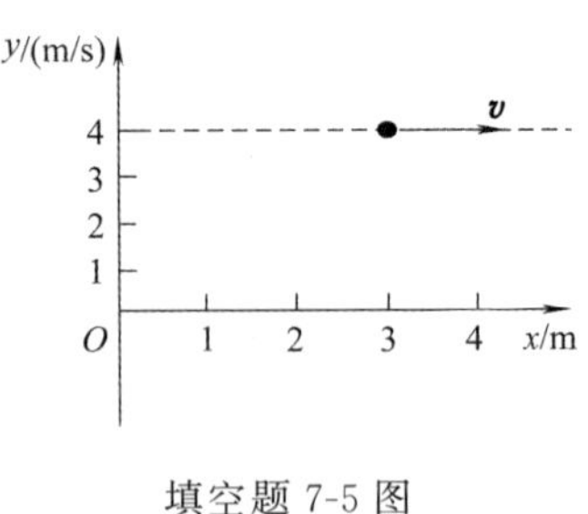

填空题 7-5 图

6. 一质量为 m 的质点沿着一条曲线运动，其位置矢量在空间直角坐标系中的表达式为 $\boldsymbol{r}=a\cos\omega t\boldsymbol{i}+b\sin\omega t\boldsymbol{j}$，其中 a、b、ω 皆为常量，则此质点对原点的角动量大小为 $L=$________；此质点所受对原点的力矩大小为 $M=$________。

三、计算题

1. 两辆小车 A、B，可在光滑平直轨道上运动。在第一次实验时 B 静止，A 以 0.5m/s 的速率向右与 B 碰撞，结果 A 以 0.1m/s 的速率弹回，B 以 0.3m/s 的速率向右运动；在第二次实验时 B 仍静止，A 装上 1kg 的物体后仍以 0.5m/s 的速率与 B 碰撞，结果 A 静止，B 以 0.5m/s 的速率向右运动。试根据实验数据分析 A 和 B 的质量。

2. 质量为 m_0 的人手握一质量为 m 的物体，此人沿与地面成 α 角的方向以初速率 v_0 跳出，当他到达最高点时，将物体以相对速率 u 水平向后抛出，试求其跳出距离的增加量。

3. 初始质量为 m_0 的火箭在地面附近空间以相对于火箭的速率 u 垂直向下喷射燃料，每秒钟消耗的燃料 $\mathrm{d}m/\mathrm{d}t$ 为常数，设火箭初始速度为 0，求火箭上升的速率 v 与时间函数关系。

4. 平板中央开一小孔，质量为 $m=50\text{g}$ 的小球用细线系住，细线穿过小孔后，挂一质量为 $m_1=200\text{g}$ 的重物，小球做匀速圆周运动，当半径 $r_1=2.48\text{cm}$ 时，重物达到平衡。今在 m_1 的下方再挂一质量为 $m_2=100\text{g}$ 的另一重物，问小球做匀速圆周运动的半径 r_2 又是多少？

练习八　功、动能定理　保守力与势能

专业________　学号________　姓名________　成绩________

相关知识点： 功、动能、质点的动能定理、保守力、势能

教学基本要求：

（1）理解功、动能的概念，掌握变力做功的计算方法。

（2）理解质点的动能定理，能用动能定理分析质点在平面内运动时的简单力学问题。

（3）了解一对力做功的特点，理解保守力做功的特点，理解势能的概念以及引入势能的条件。

（4）会计算重力、弹性力和万有引力势能。

一、选择题

1. 一辆汽车从静止出发，在平直公路上加速前进，若发动机功率恒定，则正确的是　（　　）

（A）加速度不变。　（B）加速度随时间减小。

（C）加速度与速度成正比。　（D）速度与路径成正比。

2. 当一质点在外力作用下运动时，下述哪种说法正确？　（　　）

（A）当质点的动量改变时，质点的动能一定改变。

（B）当质点的动能不变时，质点的动量也一定不变。

（C）外力的冲量是零，外力的功一定为零。

（D）外力的功为零，外力的冲量一定为零。

3. 如选择题 8-3 图所示，在光滑水平地面上放着一辆小车，车上左端放着一只箱子，今用同样的水平恒力 $\boldsymbol{F}$ 拉箱子，使它由小车的左端达到右端，一次小车被固定在水平地面上，另一次小车没有固定。试以水平地面为参考系，判断下列结论中正确的是：　（　　）

F

选择题 8-3 图

（A）在两种情况下，$\boldsymbol{F}$ 做的功相等。　（B）在两种情况下，摩擦力对箱子做的功相等。

（C）在两种情况下，箱子获得的动能相等。　（D）在两种情况下，由于摩擦而产生的热相等。

4. 对功的概念有以下几种说法：

（1）当保守力做正功时，系统内相应的势能增加。

（2）运动经一闭合路径，保守力对质点做的功为零。

（3）作用力和反作用力大小相等、方向相反，所以两者所做功的代数和必为零。

在上述说法中，　（　　）

（A）（1）、（2）是正确的。　（B）（2）、（3）是正确的。

（C）只有（2）是正确的。　（D）只有（3）是正确的。

5. 如选择题 8-5 图所示，一物体挂在一弹簧下面，平衡位置在 O 点，现用手向下拉物体，第一次把物体由 O 点拉到 M 点，第二次由 O 点拉到 N 点，再由 N 点送回 M 点，则在这两个过程中　（　　）

O

M

N

选择题 8-5 图

（A）弹性力做的功相等，重力做的功不相等。

（B）弹性力做的功相等，重力做的功也相等。

（C）弹性力做的功不相等，重力做的功相等。

（D）弹性力做的功不相等，重力做的功也不相等。

二、填空题

1. 将一劲度系数为 k 的轻弹簧竖直放置，下端悬一质量为 m 的小球，开始时使弹簧为原长而小球恰好与桌面接触，今将弹簧上端缓慢地提起，直到小球刚能脱离桌面为止，在此过程中外力做功为________。

2. 质量为 2kg 的物体由静止出发沿 x 轴运动，

（1）假设作用在物体上合力的大小 F 随时间 t 变化的规律为 $F=4t$(SI)，其方向始终不变，则在最初 2s 内，力 F 所做的功为__________，$t=2$s 时质点的速率为__________。

（2）又假设作用在物体上的合力的大小 F 随坐标 x 的变化规律为 $F=3+2x$(SI)，同样方向始终不变，试求物体在开始运动的 3 m 内，力 F 所做的功为__________，$x=3$m 时质点的速率为__________。

3. 已知地球的半径为 R，质量为 m_E。现有一质量为 m 的物体，在离地面高度为 $2R$ 处。以地球和物体为系统，若取地面为势能零点，则系统的引力势能为__________；若取无穷远处为势能零点，则系统的引力势能为__________。(G 为引力常量)

三、计算题

1. 一质点在如计算题 8-1 图所示的坐标平面内做圆周运动，有一力 $\boldsymbol{F}=F_0(x\boldsymbol{i}+y\boldsymbol{j})$作用在质点上，在该质点从坐标原点运动到点 $A(0，2R)$位置过程中，求力 $\boldsymbol{F}$ 对它所做的功。

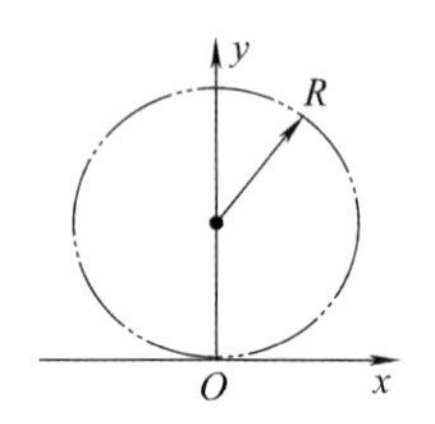

计算题 8-1 图

2. 一物体按规律 $x=ct^3$ 在流体媒质中做直线运动，式中 c 为常量，t 为时间。设媒质对物体的阻力正比于速度的二次方，阻力系数为 k，试求物体由 $x=0$ 运动到 $x=l$ 时，阻力所做的功。

3. 质量为 2×10^{-3}kg 的子弹以 500m/s 的速率水平飞出，射入质量为 1kg 的静止在水平面上的木块，子弹从木块穿出后的速率为 100m/s，而木块向前滑行了 0.2m。求：

（1）木块与平面间的动摩擦因数；（2）子弹动能和动量的减少量。

4. 一质量为 m 的质点在 xOy 平面上运动，其位置矢量为 $\boldsymbol{r}=a\cos\omega t\boldsymbol{i}+b\sin\omega t\boldsymbol{j}$(SI)，式中 a、b、ω 是正值常量，且 $a>b$。(1)求质点在点 $A(a，0)$时和点 $B(0，b)$时的动能；(2)求质点所受的合外力 $\boldsymbol{F}$ 以及当质点从点 A 运动到点 B 的过程中 $\boldsymbol{F}$ 的分力 F_x 和 F_y 分别做的功。

练习九　功能原理、机械能守恒定律及其应用

专业________　学号________　姓名________　成绩________

相关知识点： 质点系的动能定理、质点系的功能原理、机械能守恒定律

教学基本要求：

(1) 理解质点系的动能定理、功能原理、机械能守恒定律及其适用条件。

(2) 会运用动能定理、功能原理和机械能守恒定律解决简单质点系的动力学问题。

一、选择题

1. 对于一对作用力与反作用力，在相同的时间内　(　　)

(A) 二者做的功大小总是相等的。

(B) 二者的冲量永远相抵消。

(C) 二者总是使各自被作用的物体改变相同的动量。

(D) 二者总是使各自被作用的物体改变相同的动能。

2. 如选择题9-2图所示，足够长的木条A置于光滑水平面上，另一木块B在A的粗糙平面上滑动，则A、B组成的系统的总动能　(　　)

选择题9-2图

(A) 不变。　(B) 增加到一定值。

(C) 减少到零。　(D) 减小到一定值后不变。

3. 对于一个质点系来说，在下列哪种情况下系统的机械能守恒？　(　　)

(A) 合外力为零。　(B) 合外力不做功。

(C) 外力和非保守内力都不做功。　(D) 外力和保守内力都不做功。

4. 考虑下列四个实例。你认为哪一个实例中物体和地球构成的系统的机械能不守恒？　(　　)

(A) 物体做圆锥摆运动。　(B) 抛出的铁饼做斜抛运动（不计空气阻力）。

(C) 物体在拉力作用下沿光滑斜面匀速上升。　(D) 物体在光滑斜面上自由滑下。

5. 如选择题9-5图所示，子弹射入放在水平光滑地面上静止的木块而不穿出。以地面为参考系，下列说法中正确的是：　(　　)

选择题9-5图

(A) 子弹的动能转变为木块的动能。

(B) 子弹-木块系统的机械能守恒。

(C) 子弹动能的减少等于子弹克服木块阻力所做的功。

(D) 子弹克服木块阻力所做的功等于这一过程中产生的热。

二、填空题

1. 写出下列表达式：质点动能定理的表达式________________；质点系动能定理的表达式________________；质点系功能原理的表达式________________。

2. 速率为v的子弹，打穿一块不动的木板后速度变为零。设木板对子弹的阻力是恒定的，那么，当子弹射入木板的深度等于其厚度的一半时，子弹的速率是________________。

填空题9-3图

3. 一条长为L(m)的均质细链条，如填空题9-3图所示，一半平直放在光滑的桌面上，另一半沿桌边自由下垂，开始时是静止的，当此链条末端滑到桌边时（桌高大于链条的长度），其速率应为________________。

4. 如填空题9-4图所示，一质量为m的物体位于质量可以忽略的直立弹簧上方高度为h处，该物体从静止开始落向弹簧，设弹簧的劲度系数为k，若不考虑空气阻力，则物体可能获得的最大动能为________________。

填空题9-4图

三、计算题

1. 质量分别为 m 和 m_0 的两个粒子开始处于静止状态，且彼此相距无限远，在以后任一时刻，当它们相距为 d 时，求此时两粒子彼此接近的相对速率。

2. 如计算题 9-2 图所示，劲度系数为 360N/m 的弹簧，其右端系一质量为 0.25kg 的物体 A，左端固定于墙上，置于光滑水平台面上。物体 A 右方放一质量为 0.15kg 的物体 B，将 A、B 和弹簧一同压缩 0.2m，然后除去外力，求：(1) A、B 刚脱离时 B 的速度；(2) A、B 脱离后，A 继续向右运动的最大距离。

A B

计算题 9-2 图

3. 已知一弹簧原长等于光滑圆环半径 R，当弹簧下端悬挂质量为 m 的小环状重物时，弹簧的伸长量也为 R。现将弹簧一端系于竖直放置的圆环上顶点 A 处，将重物套在圆环的 B 点，AB 长为 $1.6R$，如计算题 9-3 图所示，放手后重物由静止沿圆环滑动。求当重物滑到最低点 C 时，重物的加速度和其对圆环压力的大小。

A R B C

计算题 9-3 图

4. 一颗质量为 m 的人造地球卫星沿半径为 R_1 圆形轨道运动，由于存在微小阻力，其轨道半径收缩到 R_2。设地球质量为 m_E，试计算：(1) 卫星动能、势能和机械能的变化；(2) 引力做的功；(3) 阻力做的功。

练习十　碰撞问题　质点动力学综合

专业________　学号________　姓名________　成绩________

相关知识点： 碰撞、质点动力学综合

教学基本要求：

(1) 了解碰撞定律，会处理典型碰撞问题。

(2) 掌握运用守恒定律分析问题的思想和方法，会计算简单系统在平面内运动的力学问题。

一、选择题

1. 一轻弹簧竖直固定于水平桌面上。如选择题10-1图所示，小球从距离桌面高为 h 处以初速率 v_0 落下，撞击弹簧后跳回到高为 h 处时速率仍为 v_0，以小球为系统，则在这一整个过程中小球的 (　　)

(A) 动能不守恒，动量不守恒。

(B) 动能守恒，动量不守恒。

(C) 机械能不守恒，动量守恒。

(D) 机械能守恒，动量守恒。

选择题10-1图

2. 在由两个物体组成的系统不受外力作用而发生非弹性碰撞的过程中，系统的 (　　)

(A) 机械能和动量都守恒。　(B) 机械能和动量都不守恒。

(C) 机械能不守恒，动量守恒。　(D) 机械能守恒，动量不守恒。

3. 对于质点系，下列说法正确的是 (　　)

(A) 质点系总动能的改变与内力无关。

(B) 质点系总动能的改变只与内力有关。

(C) 外力总是增加质点系的总动能。

(D) 外力也可能减少质点系的总动能。

4. 质量为 m 的平板A，用竖立的弹簧支持而处在水平位置，如选择题10-4图所示。从平台上投掷一个质量也是 m 的球B，球的初速为 $\boldsymbol{v}$，沿水平方向。球由于重力作用下落，与平板发生完全弹性碰撞。假定平板是光滑的，则与平板碰撞后球的运动方向应为 (　　)

(A) A_0 方向。　(B) A_1 方向。

(C) A_2 方向。　(D) A_3 方向。

选择题10-4图

5. 一颗卫星沿椭圆轨道绕地球旋转，若卫星在远地点 A 和近地点 B 的角动量与动能分别为 L_A、E_{KA} 和 L_B、E_{KB}，则有 (　　)

(A) $L_B > L_A$，$E_{KB} > E_{KA}$。

(B) $L_B > L_A$，$E_{KB} = E_{KA}$。

(C) $L_B = L_A$，$E_{KB} > E_{KA}$。

(D) $L_B = L_A$，$E_{KB} = E_{KA}$。

选择题10-5图

二、填空题

1. 一质量为2kg的物体与另一原来静止的物体发生弹性碰撞后仍沿原方向继续运动，但速率仅为原来的1/4，则被碰撞物体的质量为______________。

2. 质量为 20×10^3 kg 的列车车厢以2m/s的速率撞向另一个 30×10^3 kg 的静止车厢，然后两车厢挂在一起，忽略铁轨对车厢的摩擦力，则两车厢结合后的速率为 $v=$______________，这过程前后动能损失量 $\Delta E_k=$__________。

3. 在下列物理量：质量、速度、动量、冲量、动能、势能、功中，与参考系的选取有关的物理量

是____。(不考虑相对论效应)

4. 一颗速率为700m/s的子弹打穿一块木板后，速率降到500m/s。如果让它继续穿过厚度和阻力均与第一块完全相同的第二块木板，则子弹的速率将降到__________。(忽略空气阻力)

5. 质量为 m_1 和 m_2 的两个物体具有相同的动量。欲使它们停下来，外力对它们做的功之比 $W_1:W_2=$________；若它们具有相同的动能，欲使它们停下来，外力的冲量之比 $I_1:I_2=$________。

三、计算题

1. 如计算题10-1图所示，一质量为 m 的钢球系在一长为 R 的绳一端，绳另一端固定，现将球由水平位置静止下摆，当球到达最低点时与质量为 m_0、静止于水平面上的钢块发生弹性碰撞，求碰撞后 m 和 m_0 的速率。

计算题10-1图

2. 落锤打桩，设锤、桩质量分别为 m_1、m_2，锤下落高度为 h，并假设地基的阻力与桩被打进的深度成正比，比例系数为常数 R，问落锤第一次将桩打进的深度为多少？(提示：将锤打桩过程视为完全非弹性碰撞过程)

3. 如计算题10-3图所示，一木块的质量为 m'，木块的曲面在 A 点处与水平面相切，高为 h，质量为m 的小球从木块顶端由静止下滑，若不计摩擦，试求：(1) 当小球滑到地面时木块的速率 v'；(2) 当小球从顶点滑到 A 点时，木块对小球所做的功。

计算题10-3图

4. 质量为 m_A 的粒子 A 受到另一重粒子 B 的万有引力作用，B 保持在原点不动。起初，当 A 离 B 很远 ($r=\infty$) 时，A 具有速度 $\boldsymbol{v}_0$，方向沿图中所示直线 Aa，B 与这条直线的垂直距离为 D。粒子 A 由于粒子 B 的作用而偏离原来的路线，沿着计算题10-4图中所示的轨道运动。已知该轨道与 B 之间的最短距离为 d，求 B 的质量 m_B。

计算题10-4图

5. 试就质点受变力作用而且做一般曲线运动的情况推导质点的动能定理，并说明定理的物理意义。

练习十一　刚体定轴转动的描述　转动惯量与转动定律

专业________　学号________　姓名________　成绩________

相关知识点： 刚体、定轴转动、转动惯量、力矩、转动定律

教学基本要求：

(1) 理解刚体模型；理解刚体定轴转动的角速度、角加速度等概念；理解刚体定轴转动的角量和线量之间的关系。

(2) 理解力矩的概念，会计算简单情况下力对轴的力矩。

(3) 理解转动惯量的概念，会计算细棒等简单形状刚体的转动惯量。

(4) 理解转动定律，会转动定律的简单应用。

一、选择题

1. 一绕定轴转动的刚体在某时刻的角速度为 ω，角加速度为 α，则其转动加快的依据是　(　　)

(A) $\alpha>0$。　(B) $\omega>0$，$\alpha>0$。　(C) $\omega<0$，$\alpha>0$。　(D) $\omega>0$，$\alpha<0$。

2. 几个力同时作用在一个具有光滑固定转轴的刚体上，如果这几个力的矢量和为零，则此刚体　(　　)

(A) 必然不会转动。　(B) 转速必然不变。

(C) 转速必然改变。　(D) 转速可能不变，也可能改变。

3. 一圆盘绕过盘心且与盘面垂直的光滑固定轴 O 以角速度 ω 按选择题 11-3 图所示方向转动。若将两个大小相等、方向相反但不在同一条直线的力 $\boldsymbol{F}_1$ 和 $\boldsymbol{F}_2$ 沿盘面同时作用到圆盘上，则圆盘的角速度 ω 的大小在刚作用后不久　(　　)

(A) 必然增大。　(B) 必然减少。

(C) 不会改变。　(D) 如何变化，不能确定。

ω　F_1　F_2　O

选择题 11-3 图

4. 有两个力作用在一个有固定转轴的刚体上：　(　　)

(1) 当这两个力都平行于轴作用时，它们对轴的合力矩一定是零。

(2) 当这两个力都垂直于轴作用时，它们对轴的合力矩可能是零。

(3) 当这两个力的合力为零时，它们对轴的合力矩也一定是零。

(4) 当这两个力对轴的合力矩为零时，它们的合力也一定是零。

在上述说法中，

(A) 只有 (1) 是正确的。　(B) (1)、(2) 正确，(3)、(4) 错误。

(C) (1)、(2)、(3) 都正确，(4) 错误。　(D) (1)、(2)、(3)、(4) 都正确。

5. 关于刚体对轴的转动惯量，下列说法中正确的是　(　　)

(A) 只取决于刚体的质量，与质量的空间分布和轴的位置无关。

(B) 取决于刚体的质量和质量的空间分布，与轴的位置无关。

(C) 取决于刚体的质量、质量的空间分布和轴的位置。

(D) 只取决于转轴的位置，与刚体的质量和质量的空间分布无关。

二、填空题

1. 在研究物体平动时，通常把物体看成质点来处理，研究物体转动时，通常把物体看成刚体来处理，刚体和质点都是为了处理问题方便而引入的________，质点模型忽略了物体的________，刚体模型忽略了物体的________。

2. 半径为 30cm 的飞轮，从静止开始以 0.5 $\mathrm{rad/s^2}$ 的角加速度匀加速转动，则飞轮边缘上一点在转过 240°的切向加速度大小为________，法向加速度大小为________。

3. 一个做定轴转动的物体，对转轴的转动惯量为 J，以角速度 $\omega_0=10\mathrm{rad/s}$ 匀速转动。现对物体加

一恒定制动力矩 $M=-0.5\mathrm{N\cdot m}$，经过 $t=0.5\mathrm{s}$，物体停止了转动，则物体的转动惯量 $J=$________。

4. 质量为 m、长为 l 的均匀细棒，转轴过中心并垂直于棒，其转动惯量为__________；若转轴过棒的一端并垂直于棒，其转动惯量为__________。质量为 m、半径为 r 的均质薄圆盘，转轴通过中心并与盘面垂直，其转动惯量为__________；通过圆盘边沿上任一点并与盘面垂直的轴的转动惯量为__________。

三、计算题

1. 一个匀质圆盘由静止开始以恒定角加速度绕通过中心且垂直于盘面的轴转动。在某一时刻转速为 10r/s，再转 60 圈后转速变为 15r/s。求（1）由静止达到 10r/s 所需的时间 t；（2）由静止到 10r/s 时圆盘所转的圈数 N。

2. 一飞轮在一恒定的制动力矩的作用下做匀减速转动，在 5s 内角速度由 $40\pi\mathrm{rad/s}$ 减到 $10\pi\mathrm{rad/s}$，求：（1）飞轮在这 5s 内转过的圈数；（2）飞轮从角速度 $10\pi\mathrm{rad/s}$ 到停止转动需要的时间；（3）若飞轮的转动惯量为 $2.5\ \mathrm{kg\cdot m^2}$，所需恒定制动力矩的大小。

3. 转动着的飞轮的转动惯量为 J，在 $t=0$ 时角速度为 ω_0。此后飞轮经历制动过程。阻力矩 M 的大小与角速度 ω 的二次方成正比，比例系数为 k（k 为大于 0 的常数）。试求：（1）当 $\omega=\omega_0/3$ 时，飞轮的角加速度 α；（2）从开始制动到 $\omega=\omega_0/3$ 所经历的时间 t。

4. 一个能绕固定轴转动的轮子，除受到轴承的恒定摩擦力矩 M_r 外，还受到恒定外力矩 M 的作用。若 $M=20\mathrm{N\cdot m}$，轮子对固定轴的转动惯量为 $J=12\mathrm{kg\cdot m^2}$，在 $t=10\mathrm{s}$ 内，轮子的角速度由 $\omega=0$ 增大到 $\omega=10\mathrm{rad/s}$，求恒定摩擦力矩 M_r 的大小。

5. 有一个板长为 a、板宽为 b 的均匀矩形薄板，其质量为 m。求矩形板对于与板面垂直并通过板中心的轴的转动惯量。

练习十二　转动定律的应用　定轴转动中的功能关系

专业________　学号________　姓名________　成绩________

相关知识点：转动惯量、转动定律、力矩的功、转动动能、定轴转动动能定理

教学基本要求：

（1）会计算简单形状刚体的转动惯量。

（2）会用转动定律求解定轴转动刚体和质点的联动问题。

（3）理解力矩的功、刚体的转动动能和重力势能的概念。

（4）理解刚体定轴转动过程中的动能定理、机械能守恒定律。

一、选择题

1. 两个匀质圆盘A和B的密度分别为ρ_A和ρ_B，若$\rho_A > \rho_B$，但两圆盘的质量与厚度相同，如两盘对通过盘心且垂直于盘面轴的转动惯量各为J_A和J_B，则　（　　）

（A）$J_A > J_B$。　　（B）$J_B > J_A$。

（C）$J_B = J_A$。　　（D）哪个大不能确定。

2. 一轻绳绕在有水平轴的定滑轮上，滑轮的转动惯量为J，绳下端挂一物体。物体所受重力为P，滑轮的角加速度为α。若将物体去掉而以与P相等的力直接向下拉绳子，滑轮的角加速度α将　（　　）

（A）不变。　　（B）变小。

（C）变大。　　（D）如何变化无法判断。

3. 一轻绳跨过一具有水平光滑轴、质量为m'的定滑轮，绳的两端分别悬有质量为m_1和m_2的物体（$m_1 < m_2$），如选择题12-3图所示，绳与轮之间无相对滑动。若某时刻滑轮沿逆时针方向转动，则绳中的张力　（　　）

（A）处处相等。　　（B）左边大于右边。

（C）右边大于左边。　　（D）哪边大无法判断。

选择题12-3图

4. 均匀细棒OA可绕通过其一端O而与棒垂直的水平固定光滑轴转动，如选择题12-4图所示。今使棒从水平位置由静止开始自由下落，在棒摆动到竖直位置的过程中，下述说法哪一种是正确的？　（　　）

（A）角速度从小到大，角加速度从大到小。

（B）角速度从小到大，角加速度从小到大。

（C）角速度从大到小，角加速度从大到小。

（D）角速度从大到小，角加速度从小到大。

选择题12-4图

二、填空题

1. 一质量为0.5kg、半径为0.4m的薄圆盘，以150rad/s的角速度绕过盘心且垂直盘面的轴转动，今在盘缘施以1N的切向力直至盘静止，则所需时间为______________s。

2. 如填空题12-2图所示，一长为l、质量不计的细杆，两端有质量分别为m_1和$m_2(m_1 > m_2)$的小球，细杆可绕通过杆中心并垂直于杆的水平轴转动，先将杆置于水平然后放开，则刚开始转动的角加速度应为__________。

填空题12-2图

3. 一半径为R、质量为m的圆柱体，在切向力$\boldsymbol{F}$作用下由静止开始绕轴线做定轴转动，则在2s内$\boldsymbol{F}$对柱体所做的功为________。

4. 如填空题12-4图所示，质量为m_0、半径为r、绕有细线的圆柱可绕固定水平对称轴无摩擦转动，若质量为m的物体缚在线索的一端并在重力作用下由静止开始向下运动，当物体下降h的距离时，它的动能与圆柱的动能之比为________。

填空题12-4图

三、计算题

1. 如计算题 12-1 图所示，现有两个质量分别为 m_1 和 m_2 的物体，且 $m_1>m_2$，滑轮与轴间无摩擦，轻绳与滑轮之间无滑动，滑轮半径为 R，绕过中心的轴的转动惯量为 J。试求：(1) m_1 的加速度的大小和方向；(2) 滑轮的角加速度的大小和方向；(3) 两段绳子中的张力的大小 F_{12} 和 F_{21}。

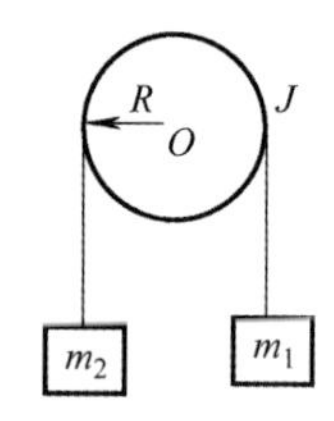

计算题 12-1 图

2. 如计算题 12-2 图所示，半径为 r、转动惯量为 J 的定滑轮 A 可绕水平光滑轴 O 转动，轮上缠绕有不能伸长的轻绳，绳一端系有质量为 m 的物体 B，B 可在倾角为 θ 的光滑斜面上滑动，求 B 的加速度和绳中的张力。

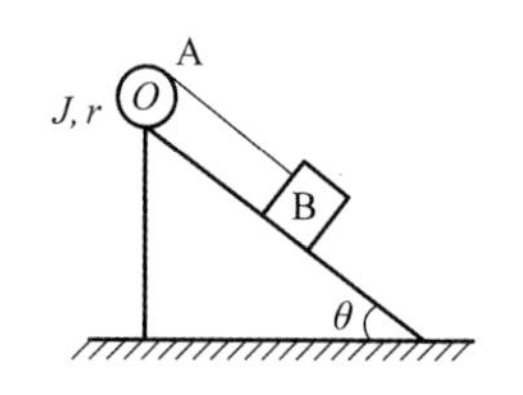

计算题 12-2 图

3. 质量为 m' 的匀质圆盘可绕通过盘中心且垂直于盘的固定光滑轴转动。绕过盘的边缘挂有质量为 m、长为 l 的匀质柔软绳索（见计算题 12-3 图）。设绳与圆盘无相对滑动，试求当圆盘两侧绳长之差为 s 时，绳的加速度的大小。

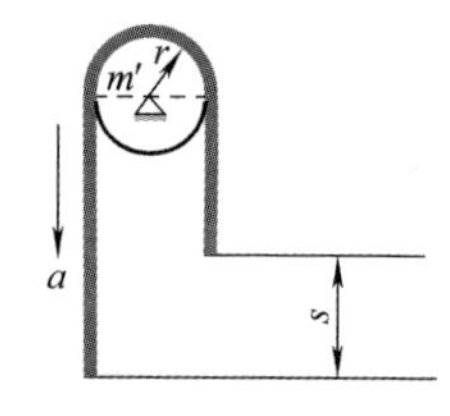

计算题 12-3 图

4. 如计算题 12-4 图所示，质量为 m、半径为 R 的圆盘在水平面上绕中心竖直轴 O 转动，圆盘与水平面间的摩擦因数为 μ，已知开始时薄圆盘的角速度为 ω_0，试问薄圆盘转几圈后停止？

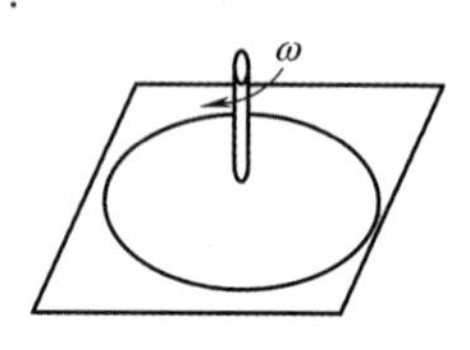

计算题 12-4 图

练习十三　定轴转动中的角动量定理与角动量守恒定律

专业________　**学号**________　**姓名**________　**成绩**________

相关知识点：定轴转动的角动量定理、角动量守恒定律

教学基本要求：

（1）理解刚体的角动量的概念；理解定轴转动角动量守恒定律及其适用条件。

（2）能联合运用角动量守恒定律、机械能守恒定律解决简单的定轴转动问题。

一、选择题

1. 刚体角动量守恒的充分且必要的条件是　　（　　）

（A）刚体不受外力矩的作用。　　（B）刚体所受合外力矩为零。

（C）刚体所受的合外力和合外力矩均为零。　　（D）刚体的转动惯量和角速度均保持不变。

2. 一个物体正在绕固定光滑轴自由转动，则　　（　　）

（A）它受热膨胀或遇冷收缩时，角速度不变。　　（B）它受热时角速度变大，遇冷时角速度变小。

（C）它受热或遇冷时，角速度均变大。　　（D）它受热时角速度变小，遇冷时角速度变大。

3. 一电唱机的转盘正以 ω_0 的角速度转动，其转动惯量为 J_1，现将一转动惯量为 J_2 的唱片置于转盘上，则共同转动的角速度应为　　（　　）

（A）$\dfrac{J_1}{J_1+J_2}\omega_0$。　　（B）$\dfrac{J_1+J_2}{J_1}\omega_0$。

（C）$\dfrac{J_1}{J_2}\omega_0$。　　（D）$\dfrac{J_2}{J_1}\omega_0$。

4. 一圆盘正绕垂直于盘面的水平光滑固定轴 O 转动，如选择题 13-4 图所示，射来两个质量相同、速度大小相同、方向相反并在一条直线上的子弹，子弹射入圆盘并且留在盘内，则子弹射入后的瞬间，圆盘的角速度 ω　　（　　）

选择题 13-4 图

（A）增大。　　（B）不变。

（C）减小。　　（D）不能确定。

5. 如选择题 13-5 图所示，一质量为 m_0 的均匀直杆可绕通过 O 点的水平轴转动，质量为 m 的子弹水平射入静止直杆的下端并留在直杆内，则在射入过程中，由子弹和杆组成的系统　　（　　）

（A）动能守恒。　　（B）动量守恒。

（C）机械能守恒。　　（D）对 O 轴的角动量守恒。

选择题 13-5 图

二、填空题

1. 定轴转动刚体的角动量定理的内容是________________，其数学表达式可写成________________。角动量守恒的条件是________________。

2. 一位转动惯量为 J_0 的花样滑冰运动员以角速度 ω_0 自转，其角动量为________，转动动能为________。当其收回手臂使转动惯量减为 $J_0/3$ 时，则其角速度变为________，转动动能变为________。

3. 如填空题 13-3 图所示，A、B 两飞轮的轴杆在一条直线上，并可用摩擦啮合器 C 使它们连结。开始时 B 轮静止，A 轮以角速度 ω_A 转动，设在啮合过程中两飞轮不受其他力矩的作用。当两轮连结在一起后，共同的角速度为 ω。若 A 轮的转动惯量为 J_A，则 B 轮的转动惯 $J_B=$________。

填空题 13-3 图

4. 一块方板可以绕通过其一个水平边的光滑固定轴自由转动。最初板自由下垂。今有一小团黏土，垂直板面撞击方板，并粘在板上。对黏土和方板系统，如果忽略空气阻力，在碰撞中守恒的量是________。

5. 质量为 m 的小孩站在半径为 R 的水平平台边缘上。平台可以绕通过其中的竖直光滑固定轴自由转动，转动惯量为 J。平台和小孩开始时均静止。当小孩突然以相对于地面为 v 的速率在台边缘沿逆时针转向走动时，则此平台相对地面旋转的角速度大小为__________，旋转方向为__________。

三、计算题

1. 质量为 m_0、长为 L 的均匀直杆可绕过端点 O 的水平轴转动，一质量为 m 的质点以水平速度 $\boldsymbol{v}$ 与静止杆的下端发生碰撞，如计算题 13-1 图所示，若 $m_0=6m$，求质点与杆分别做完全非弹性碰撞和完全弹性碰撞后杆的角速度大小。

计算题 13-1 图

2. 如计算题 13-2 图所示，一长为 L、质量为 m 的均匀细棒，一端悬挂在 O 点上，可绕水平轴在竖直面内无摩擦地转动，在同一悬挂点，有长为 l 的轻绳悬挂一小球，质量也为 m，当小球悬线偏离铅垂方向某一角度由静止释放时，小球在悬点正下方与静止细棒发生弹性碰撞。若碰撞后小球刚好静止，问绳长 l 应为多少？

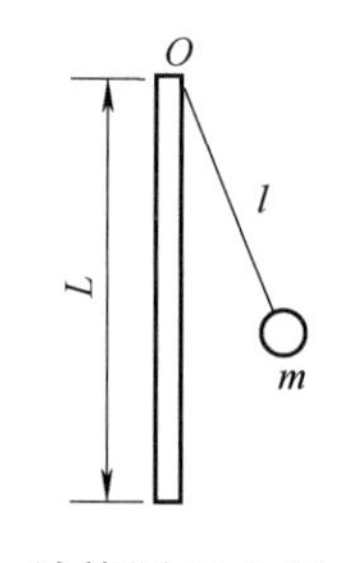

计算题 13-2 图

3. 如计算题 13-3 图所示，一块宽 $L=0.60\text{m}$、质量 $m'=1\text{kg}$ 的均匀薄木板，可绕水平固定轴 OO' 无摩擦地自由转动。当板静止在平衡位置时，有一质量为 $m=10\times10^{-3}\text{kg}$ 的子弹垂直击中木板 A 点，A 点离转轴 OO' 距离 $l=0.36\text{m}$，弹击中木板前的速度为 500m/s，穿出木板后的速度为 200m/s。求：(1) 子弹给予木板的冲量；(2) 木板获得的角速度。(已知木板绕 OO' 轴的转动惯量为 $J=\frac{1}{3}m'L^2$)

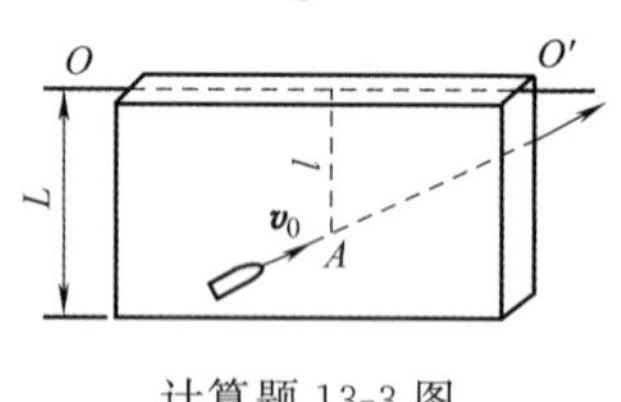

计算题 13-3 图

4. 有一半径为 R、质量为 m_0、可绕中心竖直轴自由转动的水平圆盘，其边上站着一个质量为 m 的人，问当人沿圆盘的边缘走完一周回到原来位置时，圆盘转过的角度为多大？

练习十四　刚体力学综合

专业________　学号________　姓名________　成绩________

相关知识点： 刚体定轴转动的描述方法、力矩、转动惯量、转动定律、刚体定轴转动角动量、转动动能、定轴转动中的角动量守恒定律、定轴转动中的机械能守恒定律

一、选择题

1. 一刚体以 60r/min 绕 z 轴做匀速转动（ω 沿 z 轴正方向）。设某时刻刚体上一点 P 的位置矢量为 $\boldsymbol{r}=3\boldsymbol{i}+4\boldsymbol{j}+5\boldsymbol{k}$，其单位为$10^{-2}$m，若以$10^{-2}$m/s 为速度单位，则该时刻 P 点的速度为（　　）

(A) $\boldsymbol{v}=94.2\boldsymbol{i}+125.6\boldsymbol{j}+157.0\boldsymbol{k}$。　(B) $\boldsymbol{v}=-25.1\boldsymbol{i}+18.8\boldsymbol{j}$。

(C) $\boldsymbol{v}=-25.1\boldsymbol{i}-18.8\boldsymbol{j}$。　(D) $\boldsymbol{v}=31.4\boldsymbol{k}$。

2. 如选择题 14-2 图所示，一质量为 m 的均质细杆 AB，A 端靠在光滑的竖直墙壁上，B 端置于粗糙水平地面上而静止。杆身与竖直方向成 θ 角，则 A 端对墙壁压力的大小为（　　）

选择题 14-2 图

(A) $\frac{1}{4}mg\cos\theta$。　(B) $\frac{1}{2}mg\tan\theta$。

(C) $mg\sin\theta$。　(D) 不能唯一确定。

3. 将细绳绕在一个具有水平光滑轴的飞轮边缘上，当在绳一端挂一质量为 $2m$ 的重物时，飞轮的角加速度为 α_1。当以拉力 $2mg$ 代替重物拉绳时，飞轮的角加速度将（　　）

(A) 小于 α_1。　(B) 大于 α_1，小于 $2\alpha_1$。　(C) 大于 $2\alpha_1$。　(D) 等于 $2\alpha_1$。

二、填空题

1. 质量为 20kg、边长为 1.0m 的均匀立方物体，放在水平地面上。有一拉力 $\boldsymbol{F}$ 作用在该物体一顶边的中点，且与包含该顶边的物体侧面垂直，如填空题 14-1 图所示。地面极粗糙，物体不可能滑动。若要使该立方体翻转 90°，则拉力 $\boldsymbol{F}$ 不能小于____________。($g=9.8\ \text{m/s}^2$)

2. 一刚体在某力矩作用下绕定轴转动，刚体对该轴的转动惯量为 $4\text{kg}\cdot\text{m}^2$，当其角速度为 100rad/s 时撤去力矩，则刚体的最大动能为______________。若用一制动力矩作用使刚体 5s 内静止，则该制动力矩大小为______________。

3. 如填空题 14-3 图所示，滑块 A、重物 B 和滑轮 C 的质量分别为 m_A、m_B 和 m_C，滑轮是半径为 R 的均质圆盘。滑块 A 与桌面间、滑轮与轴承之间均无摩擦，绳的质量可不计，绳与滑轮之间无相对滑动。则滑块 A 的加速度为____________。

4. 一长为 l、质量可以忽略的直杆，可绕通过其一端的水平光滑轴在竖直平面内做定轴转动，在杆的另一端固定一质量为 m 的小球，如填空题 14-4 图所示。现将杆由水平位置无初转速地释放，则杆刚被释放时的角加速度 $\alpha_0=$____________，杆与水平方向夹角为 60°时的角加速度 $\alpha=$________。

5. 光滑的水平桌面上有长为 $2l$、质量为 m 的匀质细杆，可绕通过其中点 O 且垂直于桌面的竖直固定轴自由转动。起初杆静止。有一质量为 m 的小球在桌面上正对着杆的一端，在垂直于杆长的方向上，以速率 v 运动，如填空题 14-5 图所示。若小球与杆端发生碰撞后与杆粘在一起随杆转动，则这一系统碰撞后的转动角速度是________。

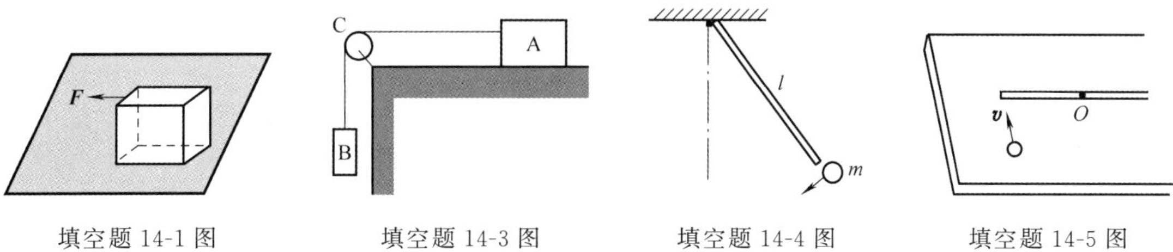

填空题 14-1 图　填空题 14-3 图　填空题 14-4 图　填空题 14-5 图

6. 如填空题 14-6 图所示，一水平刚性轻杆，质量不计，杆长 $l=20\text{m}$，其上穿有两个小球。初始时，两小球相对杆中心 O 对称放置，与 O 的距离 $d=5\text{m}$，二者之间用细线拉紧。现在让细杆绕通过中心 O 的竖直固定轴做匀角速的转动，转速为 ω_0，再烧断细线让两球向杆的两端滑动。不考虑转轴的和空气的摩擦，当两球都滑至杆端时，杆的角速度大小为________。

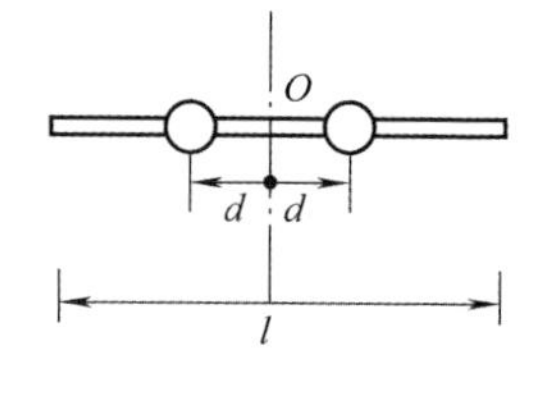

填空题 14-6 图

三、计算题

1. 质量分别为 m 和 $2m$、半径分别为 r 和 $2r$ 的两个均匀圆盘，同轴地粘在一起，可以绕通过盘心且垂直盘面的水平光滑固定轴转动，对转轴的转动惯量为 $9mr^2/2$，大小圆盘边缘都绕有绳子，绳子下端都挂一质量为 m 的重物，如计算题 14-1 图所示，求盘的角加速度的大小。

计算题 14-1 图

2. 一匀质细棒长为 $2L$，质量为 m，当以与棒长方向相垂直的速度 $\boldsymbol{v}_0$ 在光滑水平面内平动时，与前方一固定的光滑支点 O 发生完全非弹性碰撞。碰撞点位于棒中心的一方 $L/2$ 处，如计算题 14-2 图所示，求棒在碰撞后的瞬时绕 O 点转动的角速度 ω。

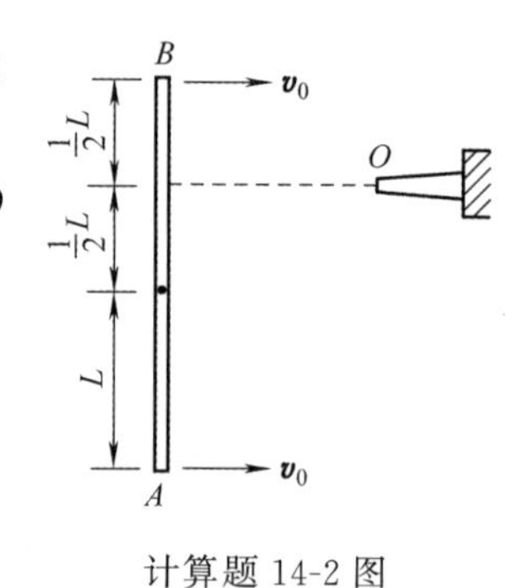

计算题 14-2 图

3. 如计算题 14-3 图所示，质量为 m_1 的物体可在倾角为 θ 的光滑斜面上滑动。m_1 的一边系有劲度系数为 k 的弹簧，另一边系有不可伸长的轻绳，绳绕过转动惯量为 J、半径为 r 的小滑轮与质量为 $m_2(m_1>m_2)$的物体相连。开始时用外力托住 m_2 使弹簧保持原长，然后撤去外力，求 m_2 由静止下落 h 距离时的速率及 m_2 下降的最大距离。

计算题 14-3 图

练习十五　温度与压强的统计意义

专业________　学号________　姓名________　成绩________

相关知识点：热力学系统、理想气体、状态参量、平衡态、理想气体状态方程

教学基本要求：

（1）理解平衡态的概念和状态参量的物理意义；了解热力学第零定律。

（2）掌握理想气体状态方程。

（3）理解理想气体的微观模型和统计假设；理解压强和温度的统计意义。

一、选择题

1. 一个容器内储有1mol氢气和1mol氦气，若两种气体各自对器壁产生的压强分别为 p_1 和 p_2，则两者的大小关系是　　（　　）

(A) $p_1 > p_2$。　(B) $p_1 < p_2$。　(C) $p_1 = p_2$。　(D) 不确定。

2. 若理想气体的体积为 V，压强为 p，温度为 T，一个分子的质量为 m，k 为玻耳兹曼常数，R 为摩尔气体常数，则该理想气体的分子总数为　　（　　）

(A) pV/m。　(B) $pV/(RT)$。　(C) $pV/(kT)$。　(D) $pV/(mT)$。

3. 一定量的某理想气体按 $pV^2=$恒量的规律膨胀，则膨胀后理想气体的温度　　（　　）

(A) 将升高。　(B) 将降低。

(C) 不变。　(D) 升高还是降低，不能确定。

4. 如选择题15-4图所示，两个大小不同的容器用均匀的细管相连，管中有一水银滴作活塞，大容器装有氧气，小容器装有氢气。当温度相同时，水银滴静止于细管中央，则此时这两种气体中　　（　　）

(A) 氧气的密度较大。

(B) 氢气的密度较大。

(C) 密度一样大。

(D) 哪种的密度较大是无法判断的。

H_2　O_2

选择题15-4图

5. 一定量的理想气体储于某一容器中，温度为 T，气体分子的质量为 m。根据理想气体的分子模型和统计假设，分子速度在 x 方向的分量平方的平均值为　　（　　）

(A) $\overline{v_x^2}=\sqrt{\dfrac{3kT}{m}}$。　(B) $\overline{v_x^2}=\dfrac{1}{3}\sqrt{\dfrac{3kT}{m}}$。　(C) $\overline{v_x^2}=\dfrac{3kT}{m}$。　(D) $\overline{v_x^2}=\dfrac{kT}{m}$。

二、填空题

1. 质量为 m、摩尔质量为 M_{mol}、分子数密度为 n 的理想气体处于平衡态时，状态方程为________，状态方程的另一形式为________，其中 k 称为________常数。

2. 两种不同种类的理想气体，其分子的平均平动动能相等，但分子数密度不同，则它们的温度________，压强________。如果它们的温度、压强相同，但体积不同，则它们的分子数密度________，单位体积的气体质量________，单位体积的分子平动动能________。（填“相同”或“不同”）。

3. 理想气体的微观模型：

（1）____；

（2）____；

（3）____。

4. 在标准状态下，任何理想气体在 $1m^3$ 中含有的分子数都等于________________。

5. 氢分子质量为 3.3×10^{-24} g，若每秒有 10^{23} 个氢分子沿着与容器壁法线成45°角的方向以 10^7 m/s 的速率撞击在 2.0 cm^2 的面积上（碰撞是完全弹性的），则由这些氢气分子产生的压强为________。

6. 一定量的理想气体储于某一容器中，温度为T，气体分子的质量为m。根据理想气体的分子模型和统计假设，分子速度在x方向的分量的平均值为________。

三、计算题

1. 一容器内储有氧气，其压强$p=1.01\times10^5$ Pa，温度$t=27$℃，已知氧气的摩尔质量为$M=32.0\times10^{-3}$ kg · mol^{-1}，试求：(1) 单位体积内的分子数n；(2) 氧气的质量密度ρ；(3) 氧分子的质量m。(计算结果保留三位有效数字)

2. 在一具有活塞的容器中盛有一定量的气体，如果压缩该气体并对它加热，使它的温度从27℃升至177℃，体积减少一半，问气体压强是原来的多少倍？

3. 某容器内分子数密度为10^{26} m^{-3}，每个分子的质量为3×10^{-27} kg，设其中1/6分子数以速率$v=200$ m/s垂直地向容器的一壁运动，而其余5/6分子或者离开此壁、或者沿平行此壁方向运动，且分子与容器壁的碰撞为完全弹性的。试求：(1) 每个分子作用于器壁的冲量I；(2) 每秒碰在器壁单位面积上的分子数n_0；(3) 作用在器壁上的压强p。

四、简答题

1. 试从分子动理论的观点解释：为什么当气体的温度升高时，只要适当地增大容器的容积就可以使气体的压强保持不变？

练习十六　能量均分定理与内能

专业________　学号________　姓名________　成绩________

相关知识点： 理想气体压强公式和温度公式、分子自由度、能量均分定理、理想气体内能

教学基本要求：

（1）掌握理想气体的压强和温度公式。

（2）了解自由度的概念，理解能量按自由度均分定理。

（3）理解理想气体内能的微观本质，掌握理想气体的内能公式。

一、选择题

1. 关于温度的意义，有下列几种说法：

（1）气体的温度是分子平均平动动能的量度。

（2）气体的温度是大量气体分子热运动的集体表现，具有统计意义。

（3）温度的高低反映物质内部分子运动剧烈程度的不同。

（4）从微观上看，气体的温度表示每个气体分子的冷热程度。

这些说法中正确的是　（　　）

（A）（1）、（2）、（4）。　（B）（1）、（2）、（3）。

（C）（2）、（3）、（4）。　（D）（1）、（3）、（4）。

2. 一瓶氦气和一瓶氮气密度相同，分子平均平动动能相同，且都处于平衡状态，则它们　（　　）

（A）温度相同、压强相同。　（B）温度、压强都不相同。

（C）温度相同，但氦气的压强大于氮气的压强。　（D）温度相同，但氦气的压强小于氮气的压强。

3. 温度相同的氦气和氧气，它们分子的平均动能 $\bar{\varepsilon}$ 和平均平动动能$\overline{\varepsilon_t}$有如下关系：　（　　）

（A）$\bar{\varepsilon}$ 和$\overline{\varepsilon_t}$都相等。　（B）$\overline{\varepsilon_t}$相等，而 $\bar{\varepsilon}$ 不相等。

（C）$\bar{\varepsilon}$ 相等，而$\overline{\varepsilon_t}$不相等。　（D）$\bar{\varepsilon}$ 和$\overline{\varepsilon_t}$都不相等。

4. 一小瓶氮气和一大瓶氦气，它们的压强、温度相同，则正确的说法为　（　　）

（A）单位体积内的原子数不同。　（B）单位体积内的气体质量相同。

（C）单位体积内的气体分子数不同。　（D）气体的内能相同。

5. 刚性三原子分子理想气体的压强为 p，体积为 V，则它的内能为　（　　）

（A）$2pV$。　（B）$3pV$。　（C）$\frac{5}{2}pV$。　（D）$\frac{7}{2}pV$。

二、填空题

1. 宏观量温度 T 与气体分子的平均平动动能 $\overline{\varepsilon_t}$的关系为$\overline{\varepsilon_t}$=______________，因此，气体的温度是______________的量度。

2. 三个容器 A、B、C 中装有同种理想气体，其分子数密度 n 相同，而方均根速率之比为 $(\overline{v_A^2})^{\frac{1}{2}}$ ：$(\overline{v_B^2})^{\frac{1}{2}}$ ：$(\overline{v_C^2})^{\frac{1}{2}}$ =1∶2∶4，则其压强之比 p_A：p_B：p_C 为________。

3. 有一瓶质量为 m 的氢气（视作刚性双原子分子的理想气体，其摩尔质量为 M_{mol}），温度为 T。则氢分子的平均平动动能为__________________，氢分子的平均动能为____________，该瓶氢气的内能为______________。（用玻耳兹曼常数 k 或摩尔气体常数 R 表示）

4. 1mol 氧气（视为刚性双原子分子的理想气体）储于一氧气瓶中，温度为27℃，这瓶氧气的内能为________J；分子的平均平动动能为________J；分子的平均转动动能为________J；分子的平均动能为________J。（摩尔气体常数 $R=8.31\text{J}\cdot\text{K}^{-1}\cdot\text{mol}^{-1}$，玻耳兹曼常数 $k=1.38\times10^{-23}\text{J}\cdot\text{K}^{-1}$）

5. 在标准状态下体积比为 1∶2 的氧气和氦气（均视为刚性分子理想气体）相混合，混合气体中氧气和氦气的内能之比为______________。

6. 两个相同的容器，一个盛氢气，一个盛氦气（均视为刚性分子理想气体），开始时它们的压强和温度都相等，现将 6J 热量传给氦气，使之升高到一定温度，若使氢气也升高同样的温度，则应向氢气传递的热量为________________。

三、计算题

1. 有 $2\times10^{-3}\text{m}^3$ 的刚性双原子理想气体，内能为 675J。（1）求该气体的压强；（2）设分子总数为 5.4×10^{22} 个，求分子的平均平动动能及气体的温度。

2. 储有氢气的容器以某速率 v 做定向运动，假设该容器突然停止，全部定向运动动能都变为气体分子热运动的动能，此时容器中气体的温度上升 0.7K，（1）试求容器做定向运动的速率；（2）问容器中气体分子的平均动能增加了多少？

3. 一密封房间的体积为 $5\times3\times3\text{m}^3$，室温为 20℃，问室内空气分子热运动的平均平动动能的总和是多少？如果气体温度升高 1.0K，而体积不变，则气体的内能变化是多少？（已知空气的密度 $\rho=1.29\text{kg/m}^3$，摩尔质量 $M=29\times10^{-3}\text{kg/mol}$，且空气分子可认为是刚性双原子分子）

四、证明题

1. 试证明质量为 m 的理想气体，在温度为 T 的平衡态下，其内能为 $U=\dfrac{iRTm}{2M_{\text{mol}}}$（式中 i 是分子自由度，R 是摩尔气体常数）。

练习十七　速率分布律　平均自由程

专业________　学号________　姓名________　成绩________

相关知识点： 速率分布函数、麦克斯韦速率分布律、理想气体的三种统计速率、平均自由程

教学基本要求：

（1）理解速率分布函数和速率分布曲线的物理意义；了解麦克斯韦速率分布律；理解气体分子平均速率、方均根速率和最概然速率及其物理意义。

（2）理解气体分子平均碰撞频率及平均自由程的概念；了解气体宏观状态变化对其分子平均碰撞频率及平均自由程的影响。

一、选择题

1. 麦克斯韦速率分布曲线如选择题 17-1 图所示，图中 A、B 两部分的面积相等，则该图表示　（　　）

（A）v_0 为最概然速率。

（B）v_0 为平方速率。

（C）v_0 为方均根速率。

（D）速率大于 v_0 和速率小于 v_0 的分子各占一半。

选择题 17-1 图

2. 已知一定量的某种理想气体，在温度为 T_1 与 T_2 时的分子最概然速率分别为 v_{p1} 和 v_{p2}，分子速率分布函数的最大值分别为 $f(v_{p1})$和 $f(v_{p2})$。若 $T_1>T_2$，则　（　　）

（A）$v_{p1}>v_{p2}$，$f(v_{p1})>f(v_{p2})$。　（B）$v_{p1}>v_{p2}$，$f(v_{p1})<f(v_{p2})$。

（C）$v_{p1}<v_{p2}$，$f(v_{p1})>f(v_{p2})$。　（D）$v_{p1}<v_{p2}$，$f(v_{p1})<f(v_{p2})$。

3. 在一定温度下分子速率出现在 v_p、$\bar{v}$ 和 $\sqrt{\overline{v^2}}$ 三值附近 $\mathrm{d}v$ 区间内的概率　（　　）

（A）出现在 $\sqrt{\overline{v^2}}$ 附近的概率最大，出现在 v_p 附近的概率最小。

（B）出现在 $\bar{v}$ 附近的概率最大，出现在 $\sqrt{\overline{v^2}}$ 附近的概率最小。

（C）出现在 v_p 附近的概率最大，出现在 $\bar{v}$ 附近的概率最小。

（D）出现在 v_p 附近的概率最大，出现在 $\sqrt{\overline{v^2}}$ 附近的概率最小。

4. 在容积不变的封闭容器内理想气体分子的平均速率若提高为原来的 2 倍，则　（　　）

（A）温度和压强都为原来的 4 倍。

（B）温度为原来的 2 倍，压强为原来的 4 倍。

（C）温度为原来的 4 倍，压强为原来的 2 倍。

（D）温度和压强都为原来的 2 倍。

5. 在恒定不变的压强下，理想气体分子的平均碰撞次数 $\overline{Z}$ 与温度 T 的关系为　（　　）

（A）与 T 无关。　（B）与 $\sqrt{T}$ 成正比。　（C）与 $\sqrt{T}$ 成反比。

（D）与 T 成正比。　（E）与 T 成反比。

6. 气缸内盛有一定量的氢气（可视作理想气体），当温度不变而压强增大一倍时，氢气分子的平均碰撞频率 $\overline{Z}$ 和平均自由程 $\bar{\lambda}$ 的变化情况为　（　　）

（A）$\overline{Z}$ 和 $\bar{\lambda}$ 都增大一倍。　（B）$\overline{Z}$ 和 $\bar{\lambda}$ 都减为原来的一半。

（C）$\overline{Z}$ 增大一倍而 $\bar{\lambda}$ 减为原来的一半。　（D）$\overline{Z}$ 减为原来的一半而 $\bar{\lambda}$ 增大一倍。

二、填空题

1. 若用 $f(v)$表示麦克斯韦速率分布函数，则某个分子速率在 $v\to v+\mathrm{d}v$ 区间内的概率为______，某个分子速率在 $0\to v_p$ 之间的概率为__________，某个分子速率在 $0\to\infty$之间的概率为__________。

2. 假设某种气体的分子速率分布函数 $f(v)$ 与速率 v 的关系如填空题 17-2 图所示，分子总数为 N，则 $\int_0^{\frac{3}{2}v_0} f(v)\mathrm{d}v =$ ________，而 $\int_0^{v_0} Nf(v)\mathrm{d}v$ 的意义是________。

填空题 17-2 图

3. 如填空题 17-3 图所示的曲线分别表示了氢气和氦气在同一温度下的分子速率的分布情况。由图可知，氦气分子的最概然速率为________，氢气分子的最概然速率为________。

4. 设声波通过理想气体的速率正比于气体分子的热运动平均速率，则声波通过具有相同温度的氧气和氢气的速率之比 $v_{O_2}/v_{H_2} =$ ________。

5. 一定质量的理想气体，先经过等体过程使其热力学温度升高一倍，再经过等温过程使其体积膨胀为原来的两倍，则分子的平均自由程变为原来的________倍。

填空题 17-3 图

三、计算题

1. 设 N 个粒子系统的速率分布函数为

$\mathrm{d}N = R\mathrm{d}v \qquad (0<v<u，R$ 为常数)

$\mathrm{d}N = 0 \qquad (v>u)$

试：(1) 画出分布函数图；(2) 用 N 和 u 定出常数 R；(3) 用 u 表示出平均速率和方均根速率。

2. 摩尔质量为 89g/mol 的氨基酸分子和摩尔质量为 5.0×10^4 g/mol 的蛋白质分子，它们在 37℃ 的活细胞内的方均根速率各是多少？

3. 若在标准压强下，氢气分子的平均自由程为 6×10^{-8} m，问在何种压强下，其平均自由程为 1cm？(设两种状态的温度一样，1 标准大气压 $=1.013\times10^5$ Pa)

练习十八　热力学第一定律及其应用

专业________ **学号**________ **姓名**________ **成绩**________

相关知识点：准静态过程、准静态过程的功和热量、热容、热力学第一定律

教学基本要求：

（1）理解准静态过程、摩尔热容的概念；理解准静态过程的体积功、热量等概念。

（2）理解热力学第一定律的意义及适用条件；会应用热力学第一定律。

一、选择题

1. 气体在状态变化过程中，可以保持体积不变或保持压强不变，这两种过程　　（　　）

（A）一定都是准静态过程。

（B）不一定是准静态过程。

（C）前者是准静态过程，后者不是准静态过程。

（D）后者是准静态过程，前者不是准静态过程。

2. 一定量的理想气体，从平衡状态 p_1、V_1、T_1 变化到平衡状态 p_2、V_2、T_2 的终态。若已知 $V_2 > V_1$，且 $T_2 = T_1$，则以下各种说法中正确的是　　（　　）

（A）不论经历的是什么过程，气体对外做的净功一定为正值。

（B）不论经历的是什么过程，气体从外界净吸的热一定为正值。

（C）若气体从始态变到终态经历的是等温过程，则气体吸收的热量最少。

（D）如果不给定气体所经历的是什么过程，则气体在过程中对外净做功和从外界净吸热的正负皆无法判断。

3. 1mol 的单原子分子理想气体从状态 A 变为状态 B，如果不知是什么气体，变化过程也不知道，但 A、B 两态的压强、体积和温度都知道，则可求出　　（　　）

（A）气体所做的功。　　（B）气体的质量。

（C）气体传给外界的热量。　　（D）气体内能的变化。

4. 一定量的理想气体经历某过程后，温度升高了。根据热力学第一定律可以断定　　（　　）

（1）该理想气体系统在此过程中吸了热。

（2）在此过程中外界对该理想气体系统做了正功。

（3）该理想气体系统的内能增加了。

（4）在此过程中理想气体系统既从外界吸了热，又对外做了正功。

以上正确的断言是

（A）（1）、（3）。　　（B）（2）、（3）。

（C）（3）。　　（D）（3）、（4）。

5. 如选择题 18-5 图所示，一定量的理想气体沿着图中直线从状态 a（压强 $p_1 = 4\text{atm}$，体积 $V_1 = 2\text{L}$）变到状态 b（压强 $p_2 = 2\text{atm}$，体积 $V_2 = 4\text{L}$），则在此过程中　　（　　）

（A）气体对外做正功，向外界放出热量。

（B）气体对外做正功，从外界吸热。

（C）气体对外做负功，向外界放出热量。

（D）气体对外做正功，内能减少。

选择题 18-5 图

二、填空题

1. 从一个热力学过程的任何一个中间状态是否可近似看成平衡态，可将该热力学过程分为________过程和________过程，只有__________过程才可以用 p-V 图上的一条曲线表示。

2. 如填空题18-2图所示，一定量的理想气体从状态$A(2p_1、V_1)$经历直线过程变到状态$B(p_1、2V_1)$，则AB过程中系统做功$W=$________，内能增加$\Delta U=$__________。

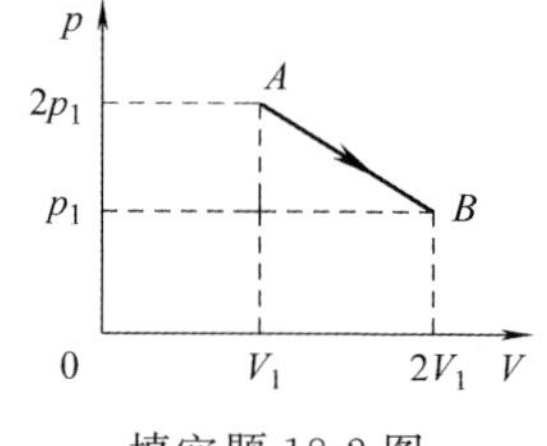

填空题18-2图

3. 已知系统从状态A经某一过程到达状态B，过程吸热10J，系统内能增量为5J。现系统沿原过程从状态B返回状态A，则系统对外做功是________。

4. 有两个相同的容器，容积不变，一个盛有氦气，另一个盛有氢气（看成刚性分子），它们的压强和温度都相等，现将5J的热量传给氢气，使氢气的温度升高，如果使氦气也升高同样的温度，则应向氦气传递的热量是________。

5. 如填空题18-5图所示，一定量的理想气体经历acb过程时吸热500J，则经历$acbda$过程时，吸热为______________。

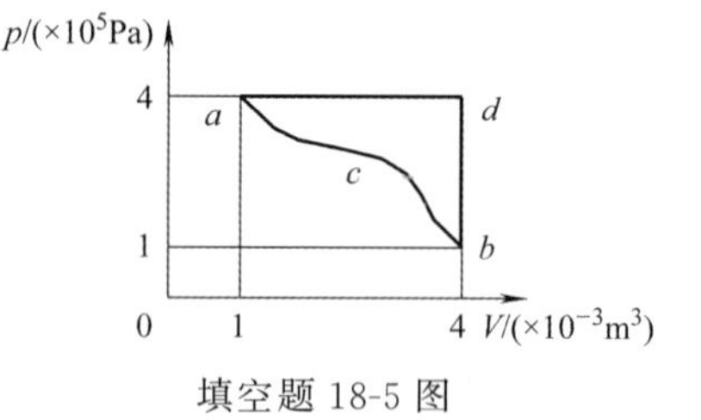

填空题18-5图

三、计算题

1. 一气缸内储有10mol的单原子分子理想气体，在压缩过程中外界做功209J，气体升温1K，求此过程中（1）气体内能的增量ΔU；（2）外界传给气体的热量。

2. 如计算题18-2图所示，一理想气体系统由状态a沿acb到达状态b，系统吸收热量350J，而系统做功为130J。（1）经过过程adb，系统对外做功40J，求系统吸收的热量；（2）当系统由状态b沿曲线ba返回状态a时，外界对系统做功为60J，则系统吸收的热量。

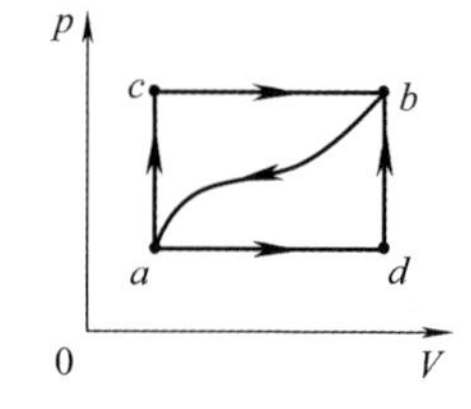

计算题18-2图

3. 1mol双原子分子理想气体从状态$A(p_1、V_1)$沿计算题18-3图所示直线变化到状态$B(p_2、V_2)$，试求：（1）气体内能的增量；（2）气体对外界所做的功；（3）气体吸收的热量。

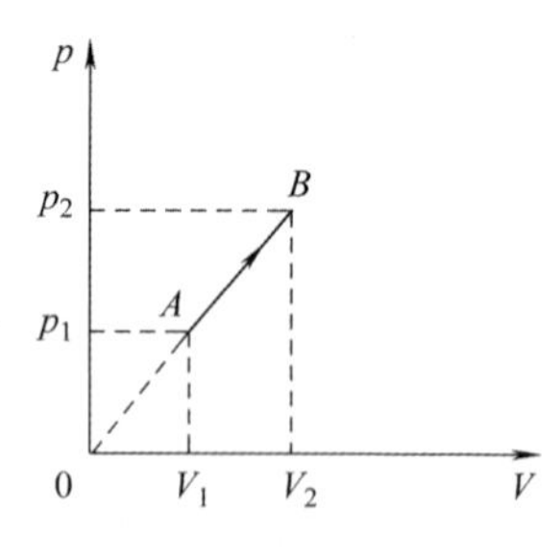

计算题18-3图

4. 设有1mol的氧气，体积$V_1=4.92\times10^{-3}\text{m}^3$，压强$p_1=2.026\times10^5\text{Pa}$，今使它等温膨胀，使压强降低到$p_2=1.013\times10^5\text{Pa}$，试求此过程中氧气所做的功、吸收的热量以及内能的变化。

练习十九　理想气体等值过程　绝热过程

专业________　学号________　姓名________　成绩________

相关知识点： 理想气体等值过程、定容摩尔热容和定压摩尔热容、绝热过程

教学基本要求：

(1) 理解理想气体等值过程和绝热过程的特征；理解定容摩尔热容和定压摩尔热容。

(2) 能将热力学第一定律应用于理想气体各过程的分析和计算。

一、选择题

1. 如选择题 19-1 图所示为一定量的理想气体的 p-V 图，由图可得出结论　(　　)

(A) ABC 是等温过程。　(B) $T_A > T_B$。

(C) $T_A < T_B$。　(D) $T_A = T_B$。

选择题 19-1 图

2. 一定量的理想气体，处在某一初始状态，现在要使它的温度经过一系列状态变化后回到初始状态的温度，可能实现的过程为　(　　)

(A) 先保持压强不变而使它的体积膨胀，接着保持体积不变而增大压强。

(B) 先保持压强不变而使它的体积减小，接着保持体积不变而减小压强。

(C) 先保持体积不变而使它的压强增大，接着保持压强不变而使它的体积膨胀。

(D) 先保持体积不变而使它的压强减小，接着保持压强不变而使它的体积膨胀。

3. 用公式 $\Delta U = \nu C_{V,\mathrm{m}} \Delta T$ 计算理想气体内能增量时（式中视 $C_{V,\mathrm{m}}$ 为常量），此式　(　　)

(A) 只适用于准静态的等体过程。　(B) 只适用于一切等体过程。

(C) 只适用于一切准静态过程。　(D) 适用于一切始末态为平衡态的过程。

4. 如选择题 19-4 图所示，一定量的理想气体分别经历如图 a 所示的 abc 过程（图中虚线 ac 为等温线）和图 b 所示的 def 过程（图中虚线 df 为绝热线），判断这两种过程是吸热还是放热。　(　　)

(A) abc 过程吸热，def 过程放热。

(B) abc 过程放热，def 过程吸热。

(C) abc 过程和 def 过程都吸热。

(D) abc 过程和 def 过程都放热。

选择题 19-4 图

二、填空题

1. 理想气体状态变化满足 $p\mathrm{d}V = \nu R\mathrm{d}T$ 为______________过程，满足 $V\mathrm{d}p = \nu R\mathrm{d}T$ 为____________过程，满足 $p\mathrm{d}V + V\mathrm{d}p = 0$ 为_______________过程。

2. 一定量的某种理想气体在等压过程中对外做功 200J。若此种气体为单原子分子气体，则该过程中需吸热_____________J；若为双原子分子气体，则需吸热_____________J。

3. 处于平衡态 A 的一定量的理想气体，若经准静态等体过程变到平衡态 B，从外界吸收热量 416J，经准静态等压过程变到与平衡态 B 有相同温度的平衡态 C，将从外界吸收热量 582J，因此，从平衡态 A 变到平衡态 C 的准静态等压过程中气体对外界所做的功为__________。

4. 1mol 理想气体（设 $\gamma = c_p / c_V$ 为已知）的循环过程如填空题 19-4 图的 T-V 图所示，其中 CA 为绝热过程，A 点状态参量（T_1，V_1）和 B 点的状态参量（T_2，V_2）为已知，则 C 点的状态参量为 $V_C=$______，$T_C=$________，$P_C=$______。

5. 一绝热密闭容器，用隔板分成相等的两部分，左边盛有一定量的理想气体，压强为 p_0，温度为 T_0，右边为真空，今将隔板抽去，气体自由膨胀，当气体达到平衡时，气体的压强为__________，温度为______________。

填空题 19-4 图

三、计算题

1. 压强为 1atm、体积为 100cm^3 的氮气压缩到 20cm^3 时，气体内能的增量、吸收的热量和所做的功各是多少？假定经历的是下列两种过程（见计算题 19-1 图）：（1）等温压缩；（2）先等压压缩，然后再等体升压到同样状态。（$1\text{atm}=1.013\times10^5\text{Pa}$）

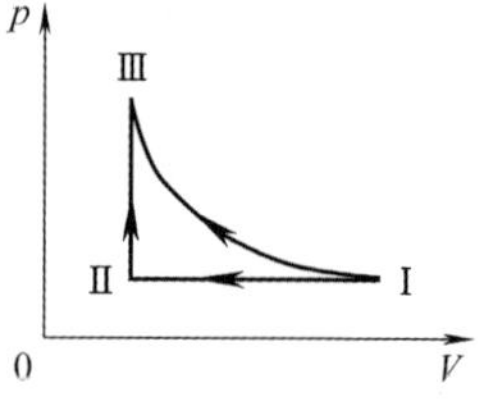

计算题 19-1 图

2. 已知 2mol 的氦，起始温度是 27℃，体积是 20L。此氦先等压膨胀至体积为原体积的 2 倍，然后做绝热膨胀使其温度仍恢复到起始温度。问：（1）在这过程中共吸热多少？（2）氦的内能总改变是多少？（3）氦所做的总功为多少？（氦可看作为理想气体）

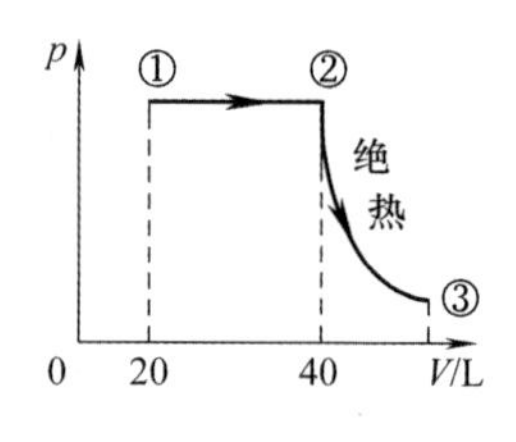

计算题 19-2 图

3. 有单原子理想气体，若绝热压缩使其容积减半，问气体分子的平均速率变为了原来速率的几倍？若为双原子理想气体，又为几倍？

练习二十　循环过程　循环效率与制冷系数

专业________　学号________　姓名________　成绩________

相关知识点： 循环过程、热循环与热机效率、冷循环与制冷系数、卡诺循环

教学基本要求：

（1）理解循环过程的特点。

（2）理解热循环与热机效率的概念，会计算简单循环的热机效率。

（2）了解冷循环与制冷系数的概念，了解简单循环制冷系数的计算方法。

（3）理解卡诺循环，会计算卡诺热机效率及制冷系数。

一、选择题

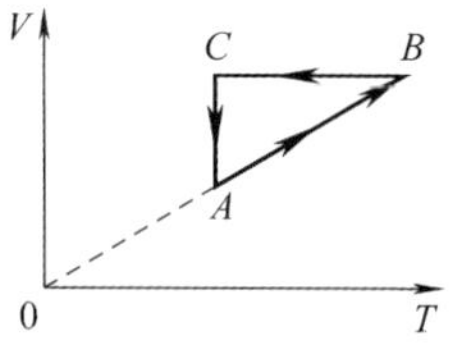

1. 一定量理想气体经历的循环过程用 V-T 曲线表示如选择题 20-1 图所示。在此循环过程中，气体从外界吸热的过程是　　（　　）

（A）$A \to B$。　　（B）$B \to C$。

（C）$C \to A$。　　（D）$B \to C$ 和 $C \to A$。

选择题 20-1 图

2. 一定量的某种理想气体起始温度为 T，体积为 V，该气体在下面循环过程中经过下列三个平衡过程：（1）绝热膨胀到体积为 $2V$；（2）等体变化使温度恢复为 T；（3）等温压缩到原来体积 V，则此整个循环过程中，气体　　（　　）

（A）向外界放热。　　（B）对外界做正功。

（C）内能增加。　　（D）内能减少。

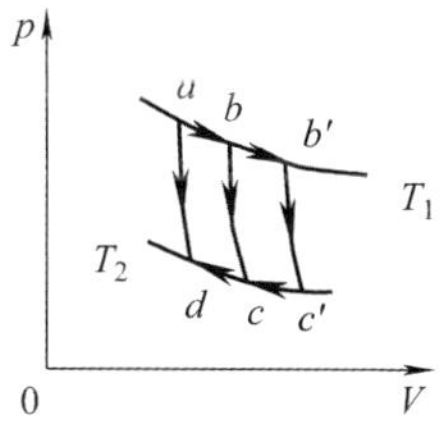

3. 如选择题 20-3 图所示，卡诺热机的循环曲线所包围的面积从 $abcda$ 增大为 $ab'c'da$，那么循环 $abcda$ 与 $ab'c'da$ 所做的净功和热机效率变化情况是　　（　　）

（A）净功增大，效率提高。

（B）净功增大，效率降低。

（C）净功和效率都不变。

（D）净功增大，效率不变。

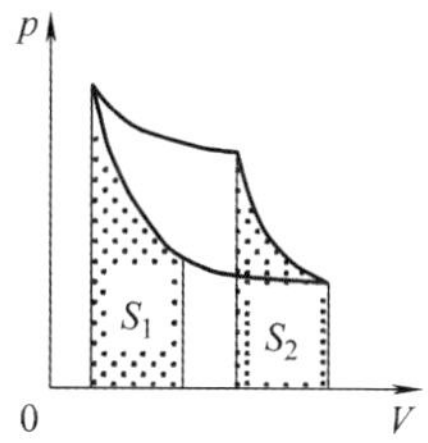

选择题 20-3 图

4. 如选择题 20-4 图所示，理想气体卡诺循环过程的两条绝热线下的面积大小（图中阴影部分）分别为 S_1 和 S_2，则两者的大小关系为　　（　　）

（A）$S_1 > S_2$。　　（B）$S_1 < S_2$。

（C）$S_1 = S_2$。　　（D）无法确定。

选择题 20-4 图

二、填空题

1. 在 p-V 图上，系统的某一平衡态用________来表示；系统的某一平衡过程用__________来表示；系统的某一准静态循环过程用____________________来表示。

2. 如填空题 20-2 图所示，已知图中两部分的面积分别为 S_1 和 S_2，那么（1）如果气体膨胀过程为 a-1-b，则气体对外做功 $W=$________；（2）如果气体进行 a-2-b-1-a 的循环过程，则它对外做 $W=$____________。

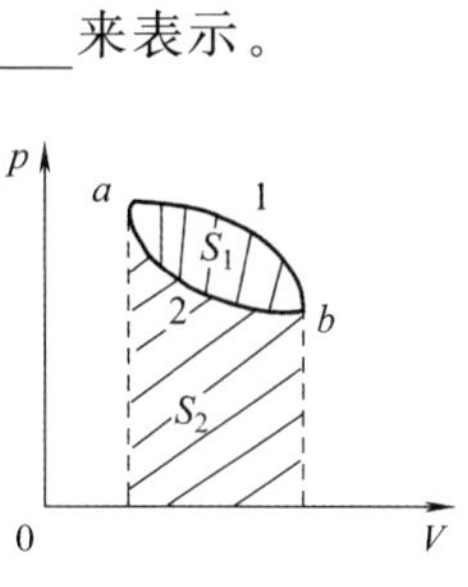

3. 气体经历如填空题 20-3 图所示的一个循环过程，在这个循环中，外界传给气体的净热量是__________J。

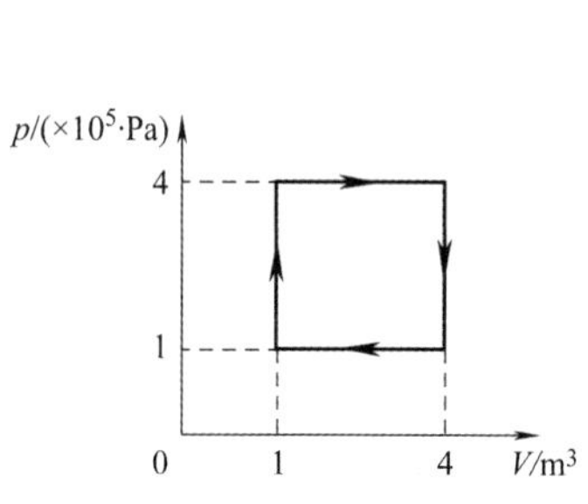

填空题 20-2 图　　填空题 20-3 图

4. 一卡诺热机（可逆的），低温热源为 27℃，热机效率为 40%，其高温热源温度为________K。今欲将该热机效率提高到 50%，且低温热源保持不变，则高温热源的温度增加________K。

5. 有一卡诺制冷机，其低温热源温度为 $T_2=200\text{K}$，高温热源温度为 $T_1=359\text{K}$，每一循环从低温热源吸热 $Q_2=400\text{J}$，则该制冷机的制冷系数 $\omega=$______；每一循环中外界必须做功 $W=$______。

三、计算题

1. 一定量的某种理想气体进行如计算题 20-1 图所示的循环过程。已知气体在状态 A 的温度为 $T_A=300\text{K}$，求：(1) 气体在状态 B、C 的温度；(2) 各过程中气体对外所做的功；(3) 经过整个循环过程，气体从外界吸收的总热量（各过程吸热的代数和）。

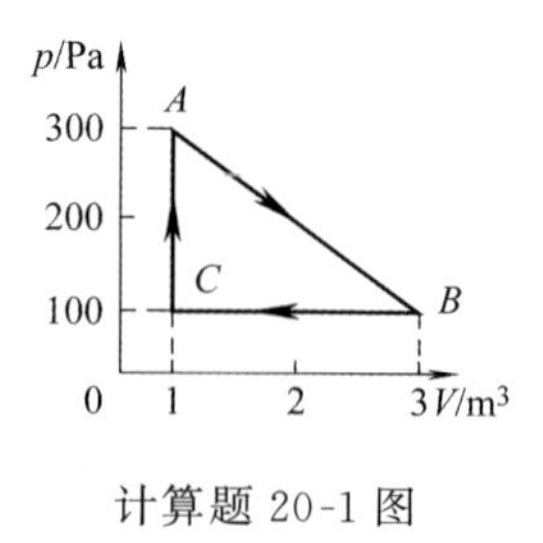

计算题 20-1 图

2. 如计算题 20-2 图所示，AB、CD 是绝热过程，DEA 是等温过程，BEC 是任意过程，组成一循环过程，若图中 ECD 所包围的面积为 70J，EAB 所包围的面积为 30J，DEA 过程中系统放热 100J，求：(1) 整个循环过程（$ABCDEA$）系统对外做的功；(2) 在 BEC 过程中系统从外界吸收的热量。

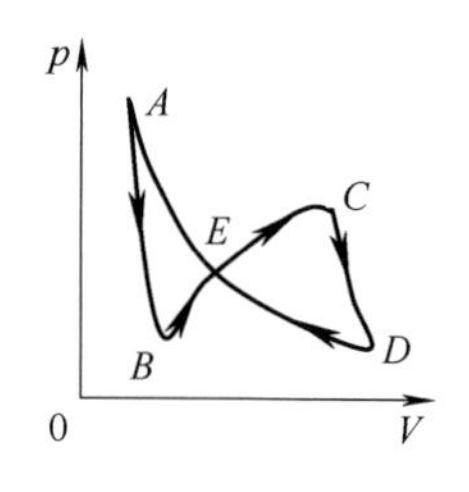

计算题 20-2 图

3. 1mol 理想气体在 $T_1=400\text{K}$ 的高温热源与 $T_2=300\text{K}$ 的低温热源之间做卡诺循环。在 400K 的等温线上起始体积为 $V_1=0.001\text{m}^3$，终止体积为 $V_2=0.005\text{m}^3$，试求此气体在每一循环中：(1) 从高温热源吸收的热量 Q_1；(2) 气体所做的净功 W；(3) 气体传给低温热源的热量 Q_2。

4. 1 mol 单原子分子理想气体做如计算题 20-4 图所示的循环过程，其中 $a\to b$ 是等温过程，在此过程中气体吸热 $Q_1=3.09\times10^3\text{J}$，$b\to c$ 是等体过程，$c\to a$ 是绝热过程。已知 a 态温度 $T_a=500\text{K}$，c 态温度 $T_c=300\text{K}$。求：(1) 此循环过程的效率 η；(2) 在一个循环过程中，气体对外所做的功 W。

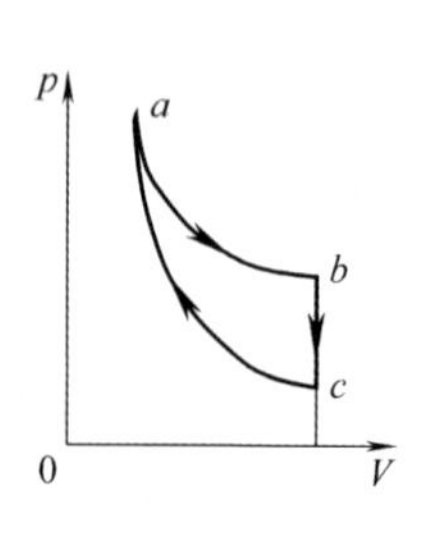

计算题 20-4 图

练习二十一　热力学第二定律及其统计意义

专业________ 学号________ 姓名________ 成绩________

相关知识点：可逆过程、不可逆过程、热力学第二定律、玻耳兹曼熵、熵增原理

教学基本要求：

（1）理解可逆过程和不可逆过程。

（2）理解热力学第二定律的两种描述及其意义。

（3）了解热力学第二定律的统计意义。

（4）了解玻耳兹曼熵，了解熵增原理。

一、选择题

1. 关于可逆过程和不可逆过程的判断，正确的是　　（　　）

（1）可逆过程一定是准静态过程。

（2）准静态过程一定是可逆过程。

（3）不可逆过程就是不能向相反方向进行的过程。

（4）凡是有摩擦的过程一定是不可逆的。

（A）（1）、（2）、（3）。　　（B）（1）、（2）、（4）。

（C）（1）、（4）。　　（D）（2）、（4）。

2. 根据热力学第二定律可知　　（　　）

（A）功可以全部转换为热，但热不能全部转换为功。

（B）热可以从高温物体传到低温物体，但不能从低温物体传到高温物体。

（C）遵守能量守恒定律的过程一定能够发生。

（D）自然界中的一切自发过程都是不可逆的。

3. 根据热力学第二定律判断下列说法错误的是　　（　　）

（A）热量不可能自动从低温物体传到高温物体。

（B）摩擦生热的过程是不可逆的。

（C）气体能够自由膨胀，但不能自动收缩。

（D）第二类永动机不可能实现。

（E）有规则运动的能量能够变为无规则运动的能量，但无规则运动的能量不能变为有规则运动的能量。

4. “理想气体与单一热源接触做等温膨胀时，吸收的热量全部用来对外做功。”对此说法，有如下几种评论，哪个是正确的？　　（　　）

（A）不违反热力学第一定律，但违反热力学第二定律。

（B）不违反热力学第二定律，但违反热力学第一定律。

（C）不违反热力学第一定律，也不违反热力学第二定律。

（D）违反热力学第一定律，也违反热力学第二定律。

5. 甲说：“由热力学第一定律可证明任何热机的效率不可能等于1。”乙说：“热力学第二定律可表述为效率等于100%的热机不可能制造成功。”丙说：“由热力学第一定律可证明任何卡诺循环的效率都等于$1-T_1/T_2$。”丁说：“由热力学第一定律可证明理想气体卡诺热机（可逆的）循环的效率等于$1-T_1/T_2$。”对以上说法，有如下几种评论，哪种是正确的？　　（　　）

（A）甲、乙、丙、丁全对。　　（B）甲、乙、丙、丁全错。

（C）甲、乙、丁对，丙错。　　（D）乙、丁对，甲、丙错。

6. 一定量的理想气体向真空做绝热自由膨胀，体积由V_1增至V_2，在此过程中气体的　　（　　）

（A）内能不变，熵增加。　　（B）内能升高，熵增加。

(C) 内能降低，熵增加。　　　　　　　　　　(D) 内能不变，熵不变。

二、填空题

1. 在一个孤立系统内，一切实际过程都向着______________的方向进行，这就是热力学第二定律的统计意义。从宏观上说，一切与热现象有关的实际过程都是__________。

2. 热力学第二定律的克劳修斯表述和开尔文表述是是等价的，前者是关于____________过程的不可逆性，后者是关于______________________过程的不可逆性。

3. 所谓第二类永动机是指________________，它不可能制成是因为违背了________________。

4. 熵是____的量度。

三、计算与证明题

1. 试根据热力学第二定律证明两条绝热线不能相交。(提示：用反证法)

2. 长方体状的容器被中间的隔板分成等体积的左右两部分，右部为真空，左部有气体，抽去隔板气体发生绝热自由膨胀。假设气体分子的总数为 6，根据分子在左右两部分的分配数目，系统共可能出现 7 种不同的宏观态，请完成表格中对应的内容。

宏观态标记	左部分子数 n_1	右部分子数 n_2	热力学概率	宏观态出现的概率	玻耳兹曼熵/(10^{-23}J/K)
Ⅰ	0				
Ⅱ	1				
Ⅲ	2				
Ⅳ	3				
Ⅴ	4				
Ⅵ	5				
Ⅶ	6				

3. 一房间有 N 个气体分子，半个房间的分子数为 n 的热力学概率为 $\omega(n)=\sqrt{\dfrac{2}{N\pi}}\mathrm{e}^{-2(n-\frac{N}{2})^2/N}$。

(1) 写出这种分布的熵的表达式 $S=k\ln\omega$；(2) $n=0$ 状态与 $n=0.5N$ 状态之间的熵变是多少？(3) 如果 $N=6\times10^{23}$，计算这个熵差。

练习二十二　克劳修斯熵　热力学综合

专业________　学号________　姓名________　成绩________

相关知识点：克劳修斯熵、热力学第一定律、热力学第二定律

教学基本要求：

（1）理解克劳修斯熵，掌握简单系统克劳修斯熵的计算。

（2）复习和巩固热力学基本定律。

一、选择题

1. 设有以下一些过程，在这些过程中使系统的熵增加的过程是　　（　　）

（1）两种不同气体在等温下互相混合。　（2）理想气体在等体下降温。

（3）液体在等温下汽化。　（4）理想气体在等温下压缩。

（5）理想气体绝热自由膨胀。

（A）（1）、（2）、（3）。　（B）（2）、（3）、（4）。

（C）（3）、（4）、（5）。　（D）（1）、（3）、（5）。

2. 如选择题 22-2 图所示，设某热力学系统经历一个 $c \to d \to e$ 的过程，其中，ab 是一条绝热曲线，e、c 在该曲线上。由热力学定律可知，该系统在过程中　（　　）

（A）不断向外界放出热量。

（B）不断从外界吸收热量。

（C）有的阶段吸热，有的阶段放热，整个过程中吸的热量等于放出的热量。

（D）有的阶段吸热，有的阶段放热，整个过程中吸的热量大于放出的热量。

（E）有的阶段吸热，有的阶段放热，整个过程中吸的热量小于放出的热量。

选择题 22-2 图

3. 1mol 理想气体从 p-V 图上初态 a 分别经历如选择题 22-3 图所示的（1）或（2）过程到达末态 b。已知 $T_a < T_b$，则在这两个过程中气体吸收的热量 Q_1 和 Q_2 的关系是　（　　）

（A）$Q_1 > Q_2 > 0$。　（B）$Q_2 > Q_1 > 0$。

（C）$Q_1 < Q_2 < 0$。　（D）$Q_2 < Q_1 < 0$。

（E）$Q_1 = Q_2 > 0$。

选择题 22-3 图

二、填空题

1. 克劳修斯不等式 $S_B - S_A \geqslant \int_A^B \frac{\mathrm{d}Q}{T}$（或 $\mathrm{d}S \geqslant \frac{\mathrm{d}Q}{T}$），式中等号适用于__________过程，不等号适用于____________过程。

2. 一定量理想气体的初始状态参量为（p、T、V），现经准静态等温过程，使其体积由 V 压缩到 $V/2$，则该过程中的热量为 Q=__________________，熵变 ΔS=________________；若经历的是绝热压缩过程，则 Q=________，熵变ΔS=______。

3. 若 1mol 理想气体经过一等压过程，温度变为原来的 2 倍，则其体积变为原来的______倍；过程后气体熵的增量为______。（设 $C_{p,\mathrm{m}}$ 为常量）

4. 压强、体积和温度都相同的氢气和氦气（均视为刚性分子的理想气体），它们的质量之比为 $m_1 : m_2$=________，它们的内能之比为 $U_1 : U_2$=________，如果它们分别在等压过程中吸收了相同的热量，则它们对外做功之比为 $W_1 : W_2$=________。（各量下角标 1 表示氢气，2 表示氦气）

5. 一氧气瓶的容积为 V，充入氧气的压强为 p_1，用了一段时间后压强降为 p_2，则瓶中剩下的氧气的内能与未用前氧气的内能之比为______。

三、计算题

1. 人体一天大约向周围环境散发 8.0×10^6J 的热量，试估计由此产生的熵。忽略人进食时带进体内的熵，环境温度设为 273K。

2. 质量为 0.30 kg、温度为 90℃的水，与质量为 0.70 kg、温度为 20℃的水混合后，最后达到平衡状态，试求水的熵变。设水的质量定压热容为 $c_p=4.18\times10^3\text{J}\cdot\text{kg}^{-1}\cdot\text{K}^{-1}$，整个系统与外界间无能量传递。

3. 1mol 理想气体经绝热自由膨胀过程，体积变化到原来的 2 倍，当系统达到新的平衡态时，求该理想气体（1）始末态内能的变化；（2）始末态熵的变化。（用摩尔气体常数 R 表示）

4. 1mol 双原子理想气体经历一循环过程 $ABCDA$，其中 AB 是温度 $T=400$K 的等温过程，BC 是等体过程，CD 是等压过程，DA 是绝热过程。请完成表格中的内容。

过　程	内能变化 ΔU/J	做功 W/J	吸热 Q/J	熵变 $\Delta S/(\text{J}\cdot\text{K}^{-1})$
$A\to B$		500.4		
$B\to C$	−200			
$C\to D$	−200			
$D\to A$				
$ABCDA$	循环效率 $\eta=$			

练习二十三　库仑定律　电场与电场强度

专业________　学号________　姓名________　成绩________

相关知识点： 点电荷（系）、库仑定律、电场强度、电场叠加原理

教学基本要求：

（1）了解电荷量子化和电荷守恒定律。

（2）理解点电荷模型，理解真空中的库仑定律；会应用库仑定律进行分析和计算。

（3）理解电场强度的概念，掌握点电荷电场强度公式。

（4）理解电场叠加原理；会用点电荷电场强度公式和电场叠加原理求解简单点电荷系的电场强度。

一、选择题

1. 真空中有两个点电荷 M、N，相互间作用力为 $\boldsymbol{F}$，当另一点电荷 Q 移近这两个点电荷时，M、N 两点电荷之间的作用力　　（　　）

（A）大小不变，方向改变。　　（B）大小改变，方向不变。

（C）大小和方向都不变。　　（D）大小和方向都改。

2. 一根均匀细刚体绝缘杆，用细丝线系住一端并悬挂起来，先让它的两端分别带上电荷 $+q$ 和 $-q$，加上水平方向的均匀电场 $\boldsymbol{E}$，如选择题 23-2 图所示。试判断当杆平衡时，将处于下面各图中的哪种状态？　　（　　）

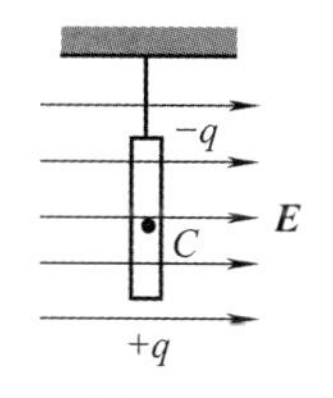

选择题 23-2 图

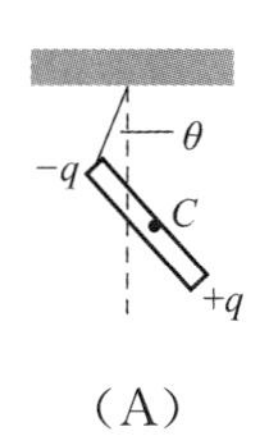

（A）

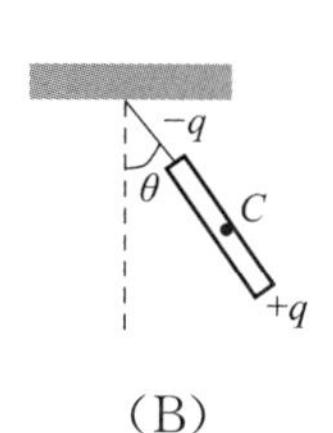

（B）

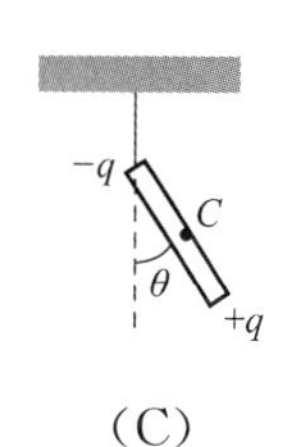

（C）

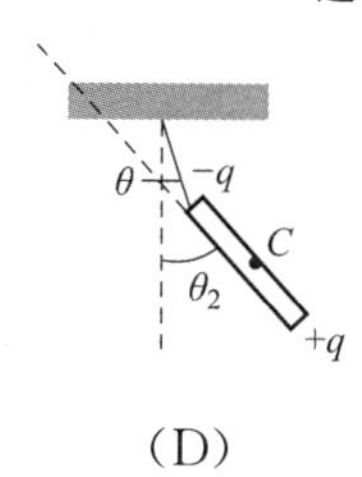

（D）

3. 下列说法中哪一个是正确的？　　（　　）

（A）电场中某点电场强度的方向，就是将点电荷放在该点它所受的电场力的方向。

（B）在以点电荷为中心的球面上，该电荷产生的电场强度处处相同。

（C）电场强度的方向可由 $\boldsymbol{E}=\boldsymbol{F}/q$ 定出，其中 q 为试探电荷的电荷量，$\boldsymbol{F}$ 为试探电荷所受的电场力。

（D）以上说法都不正确。

4. 关于电场强度定义式 $\boldsymbol{E}=\boldsymbol{F}/q_0$，下列说法中哪个是正确的？　　（　　）

（A）电场强度 $\boldsymbol{E}$ 的大小与试探电荷 q_0 的大小成反比。

（B）对场中某点，试探电荷受力 $\boldsymbol{F}$ 与 q_0 的比值不因 q_0 而变。

（C）试探电荷受力 $\boldsymbol{F}$ 的方向就是电场强度 $\boldsymbol{E}$ 的方向。

（D）若场中某点不放试探电荷 q_0，则 $\boldsymbol{F}=0$，从而 $\boldsymbol{E}=0$。

5. 在坐标原点放一正点电荷 $+Q$，它在 P 点（$x=+1$，$y=0$）产生的电场强度为 $\boldsymbol{E}$。现在，另外有一个负点电荷 $-2Q$，试问应将它放在什么位置才能使 P 点的电场强度为零？　　（　　）

（A）x 轴上 $x>1$。　　（B）x 轴上 $x<0$。

（C）x 轴上 $0<x<1$。　　（D）y 轴上 $y>0$。

二、填空题

1. 在真空中，一边长为 a 的正方形平板上均匀分布着电荷 q，在其中垂线上距离平板 a 处放一点电

荷 q_0，如填空题 23-1 图所示。在 d 与 a 满足__________条件下，q_0 所受的电场力可写成 $q_0 q/4\pi\varepsilon_0 d^2$。

填空题 23-1 图

2. 正方形的两对角上，各置电荷 Q，在其余两对角上各置电荷 q，若 Q 所受合力为零，则 Q 与 q 的大小关系为__________。

3. 位于 x 轴上的两个点电荷，分别带电荷量 $2q$ 和 q，坐标分别为 a 和 $-a$。第三个点电荷 q_0 放在 $x=$__________________处，它所受合力为零。

4. 静电场中某点的电场强度，其大小和方向与____________________相同。

5. 当电荷量为 -5×10^{-9}C 的试探电荷放在电场中某点时，受到 20×10^{-9}N 的向下的力，则该点电场强度的大小为______________，方向______________。

6. 如填空题 23-6 图所示，假设各点电荷 q_1，q_2，q_3…指向 P 点的位置矢量分别为 $\boldsymbol{r}_1$，$\boldsymbol{r}_2$，$\boldsymbol{r}_3$…，则空间任一点 P 点的电场强度为________________。

填空题 23-6 图

三、计算题

1. 电荷量为 q 的三个正点电荷分别位于一等边三角形的三个顶点上，为不使它们由于斥力作用而散开，在该等边三角形的中心放一异号点电荷 $q_1(q_1<0)$，试求 q_1。

2. 如计算题 23-2 图所示，在坐标（a，0）处放置一点电荷 $+q$，在坐标（$-a$，0）处放置另一点电荷 $-q$。P 点是 x 轴上的一点，坐标为（x，0）。已知 $x\gg a$，求 P 点的电场强度。

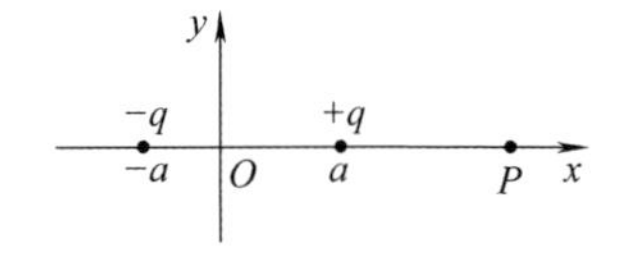

计算题 23-2 图

3. 如计算题 23-3 图所示点电荷系，已知正方形的边长为 a，且 $q_1=q$，$q_2=2q$，$q_3=q$，$q_4=-3q$，计算正方形中心 O 点的电场强度的大小和方向。（q 为正电荷）

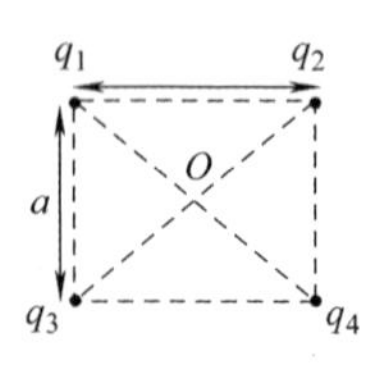

计算题 23-3 图

练习二十四　利用叠加原理计算电场强度

专业________　学号________　姓名________　成绩________

相关知识点： 电场强度叠加原理、线（面、体）电荷、电荷线（面、体）密度

教学基本要求：

掌握用点电荷电场强度公式和电场叠加原理求解电场强度的方法。

一、选择题

1. 如选择题 24-1 图所示，在坐标（a，0）处放置一点电荷$+q$，在坐标（$-a$，0）处放置另一点电荷$-q$。P 点是 y 轴上的一点，坐标为（0，y）。当 $y \gg a$ 时，该点电场强度的大小为　（　　）

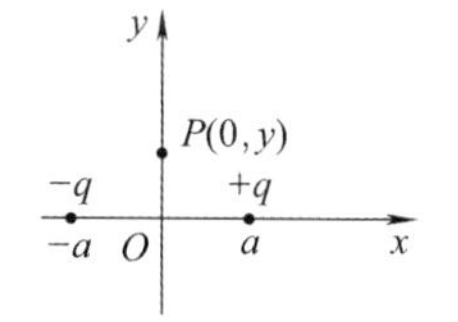

选择题 24-1 图

(A) $\dfrac{q}{4\pi\varepsilon_0 y^2}$。　(B) $\dfrac{q}{2\pi\varepsilon_0 y^2}$。　(C) $\dfrac{qa}{2\pi\varepsilon_0 y^3}$。　(D) $\dfrac{qa}{4\pi\varepsilon_0 y^3}$。

2. 一均匀带电球面，电荷面密度为 σ，球面内电场强度处处为零，球面上面元 dS 带有 σdS 的电荷，该电荷在球面内各点产生的电场强度　（　　）

(A) 处处为零。　(B) 不一定都为零。　(C) 处处不为零。　(D) 无法判定。

3. 关于一带电圆环中心处的电场强度，以下说法正确的是　（　　）

(A) 一定为零。　(B) 一定不为零。

(C) 是否为零与圆环上的电荷分布有关。　(D) 以上说法都不正确。

4. 选择题 24-4 图中所示为一沿 x 轴放置的“无限长”分段均匀带电直线，电荷线密度分别为$+\lambda$（$x<0$）和$-\lambda$（$x>0$），则 xOy 坐标平面上点（0，a）处的电场强度 $\boldsymbol{E}$ 为　（　　）

选择题 24-4 图

(A) 0。　(B) $\dfrac{\lambda}{2\pi\varepsilon_0 a}\boldsymbol{i}$。　(C) $\dfrac{\lambda}{4\pi\varepsilon_0 a}\boldsymbol{i}$。　(D) $\dfrac{\lambda}{4\pi\varepsilon_0 a}(\boldsymbol{i}+\boldsymbol{j})$。

二、填空题

1. 在边长为 a 的正方体的中心处放置一电荷量为 Q 的点电荷，则正方体顶角处的电场强度的大小为____________。

2. 如填空题 24-2 图所示，一根由绝缘细线围成的边长为 l 的正方形线框，使它均匀带电，其电荷线密度为 λ，则在正方形中心处的电场强度的大小 $E=$________。

3. 两根相互平行的“无限长”均匀带正电直线 1、2，相距为 d，其电荷线密度分别为 λ_1 和 λ_2，如填空题 24-3 图所示，则电场强度等于零的点与直线 1 的距离 a 为__________。

4. 电荷线密度为 λ 的“无限长”均匀带电细线，弯成如填空题 24-4 图所示的形状。若圆的半径为 R，则圆心 O 点的电场强度的大小为____________。

5. 一半径为 R 的带有一缺口的细圆环，缺口长度为 d（$d \ll R$），环上均匀带正电，总电荷量为 q，如填空题 24-5 图所示，则圆心 O 处的电场强度大小 $E=$________，电场强度方向为__________。

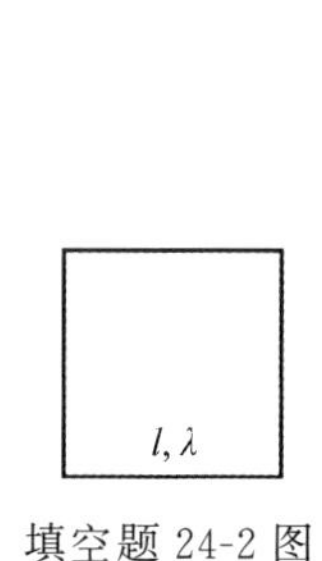

填空题 24-2 图

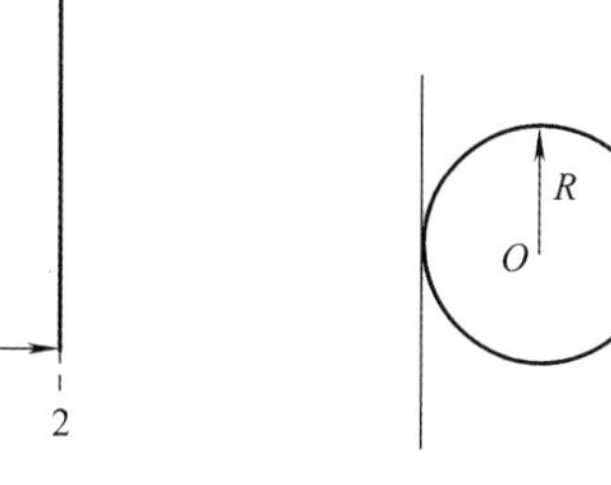

填空题 24-3 图

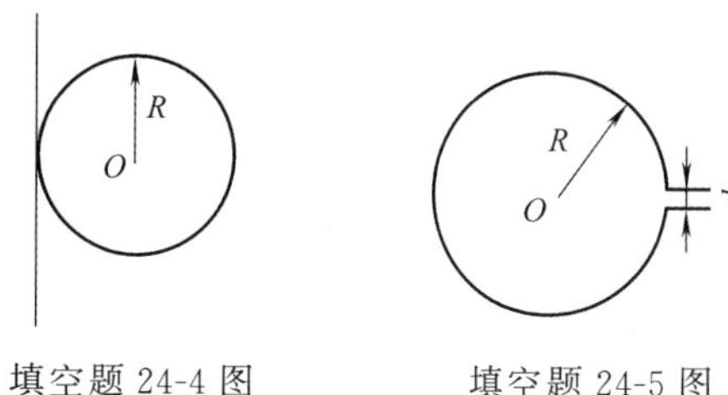

填空题 24-4 图　填空题 24-5 图

三、计算题

1. 如计算题 24-1 图所示，长 $L=15\text{cm}$ 的直导线 AB 上均匀地分布着电荷线密度为 $\lambda=5\times10^{-9}\text{C/m}$ 的电荷。求在导线的延长线上与导线一端 B 相距 $d=5\text{cm}$ 处 P 点的电场强度。

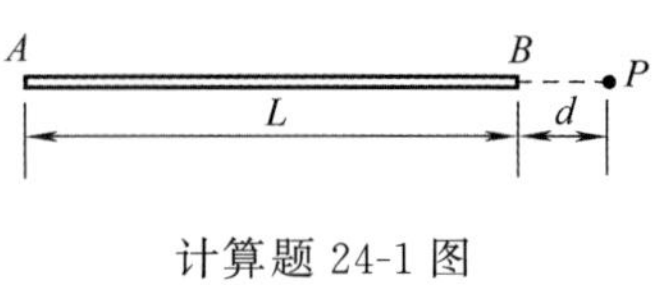

计算题 24-1 图

2. 如计算题 24-2 图所示，一段半径为 a 的细圆弧，对圆心所张的角为 θ_0，其上均匀分布有正电荷 q，试用 a、q、θ_0 表示出圆心 O 处的电场强度。

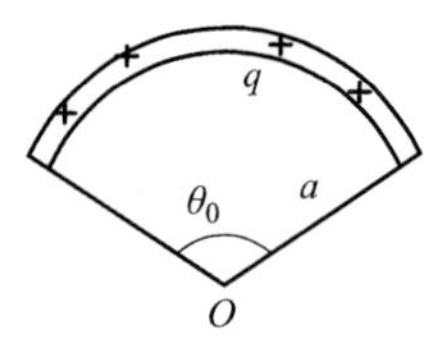

计算题 24-2 图

3. 电荷线密度为 λ 的"无限长"均匀带电细线，弯成如计算题 24-3 图所示的形状。若半圆弧 AB 的半径为 R，试求圆心 O 点的电场强度。

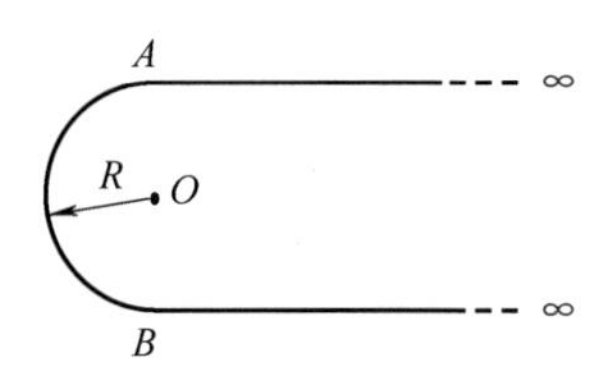

计算题 24-3 图

4. 一电荷面密度为 σ 的"无限大"平面，在距离平面为 a（单位为 m）处一点的电场强度大小的一半是由平面上一个半径为 R 的圆面积范围内的电荷所产生的，试求该圆半径的大小。

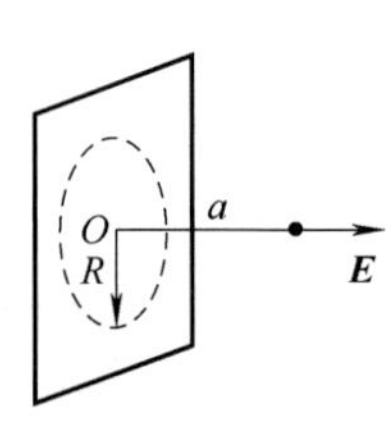

计算题 24-4 图

练习二十五　静电场的高斯定理及其应用

专业________ **学号**________ **姓名**________ **成绩**________

相关知识点： 电场线、电通量、静电场的高斯定理及其应用

教学基本要求：

（1）理解电通量的概念。

（2）理解静电场的高斯定理及其物理意义。

（3）掌握用高斯定理计算电场强度的方法。

一、选择题

1. 高斯定理 $\oint_S \boldsymbol{E} \cdot \mathrm{d}\boldsymbol{S} = \int_V \rho \mathrm{d}V / \varepsilon_0$　（　　）

（A）适用于任何静电场。

（B）只适用于真空中的静电场。

（C）只适用于具有球对称性、轴对称性和平面对称性的静电场。

（D）只适用于虽然不具有（C）中所述的对称性，但可以找到合适的高斯面的静电场。

2. 已知一高斯面所包围的体积内电荷代数和 $\sum q_i = 0$，则可肯定　（　　）

（A）高斯面上各点电场强度均为零。

（B）穿过高斯面上每一面元的电场强度通量均为零。

（C）穿过整个高斯面的电场强度通量为零。

（D）以上说法都不对。

3. 如选择题 25-3 图，曲面 S 内有一点电荷 Q，若从无穷远处引另一点电荷 q 至曲面外一点，则　（　　）

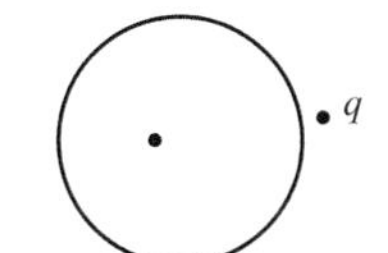

选择题 25-3 图

（A）穿过曲面 S 的 $\boldsymbol{E}$ 通量不变，曲面上各点电场强度不变。

（B）穿过曲面 S 的 $\boldsymbol{E}$ 通量变化，曲面上各点电场强度不变。

（C）穿过曲面 S 的 $\boldsymbol{E}$ 通量变化，曲面上各点电场强度变化。

（D）穿过曲面 S 的 $\boldsymbol{E}$ 通量不变，曲面上各点电场强度变化。

4. 在空间有一非均匀电场，其电场线分布如选择题 25-4 图所示。在电场中作一半径为 R 的闭合球面 S，已知通过球面上某一面元 ΔS 的电场强度通量为 $\Delta \Phi_e$，则通过该球面其余部分的电场强度通量为　（　　）

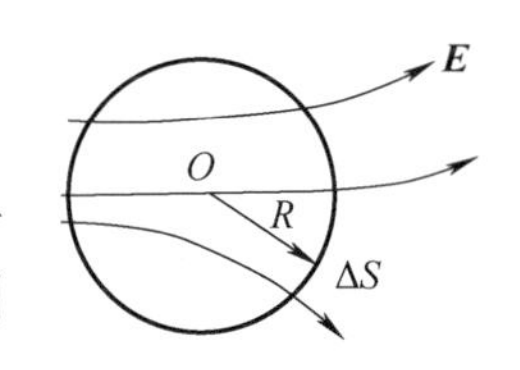

选择题 25-4 图

（A）$-\Delta \Phi_e$。　　（B）$\dfrac{4\pi R^2}{\Delta S}\Delta \Phi_e$。

（C）$\dfrac{4\pi R^2 - \Delta S}{\Delta S}\Delta \Phi_e$。　　（D）0。

5. 选择题 25-5 图所示为一具有球对称性分布的静电场的 $E-r$ 关系曲线，请指出产生该静电场的带电体是　（　　）

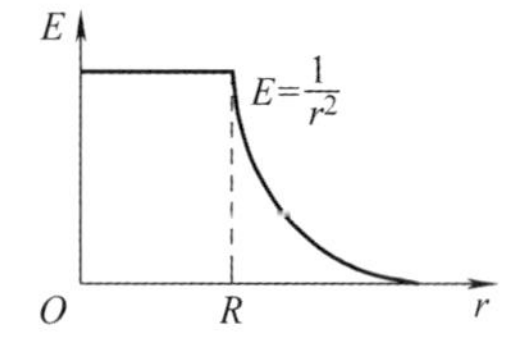

选择题 25-5 图

（A）半径为 R 的均匀带电球面。

（B）半径为 R 的均匀带电球体。

（C）半径为 R、电荷体密度 $\rho = Ar$（A 为常数）的非均匀带电球体。

（D）半径为 R、电荷体密度 $\rho = A/r$（A 为常数）的非均匀带电球体。

二、填空题

1. 半径为 R 的半球面置于电场强度为 $\boldsymbol{E}$ 均匀电场中，其对称轴与电场强度方向一致，如填空题 25-1 图所示，则通过该半球面的 $\boldsymbol{E}$ 通量为__________。

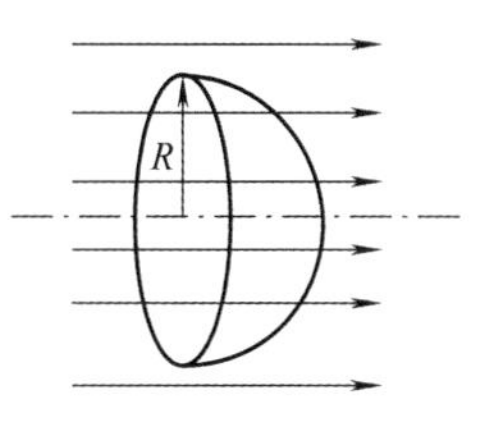

填空题 25-1 图

2. 如填空题 25-2 图所示，一点电荷 q 位于正立方体的 A 角上，通过侧面 $abcd$ 的电场强度通量 $\Phi_e=$______。

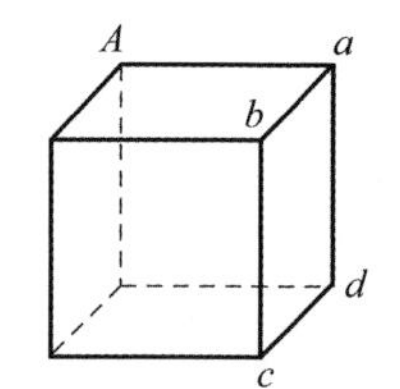

填空题 25-2 图

3. 两个同心均匀带电球面，其半径分别为 R_a 和 R_b ($R_a<R_b$)，所带电荷量分别为 Q_a 和 Q_b，设某点与球心相距 r，当 $R_a<r<R_b$ 时，该点的电场强度的大小为______________________。

4. 如填空题 25-4 图所示，两个"无限长"的共轴圆柱面，半径分别为 R_1 和 R_2，其上均匀带电，沿轴线方向单位长度上所带电荷分别为 λ_1 和 λ_2，则在外圆柱面外面、距离轴线为 r 的 P 点处的电场强度大小 $E=$______________。

5. 如填空题 25-5 图所示，三个平行的"无限大"均匀带电平面，其电荷面密度是 $+\sigma$，则 A、B、C、D 四个区域的电场强度分别为：$E_A=$__________，$E_B=$__________，$E_C=$__________，$E_D=$__________。（设方向向右为正）

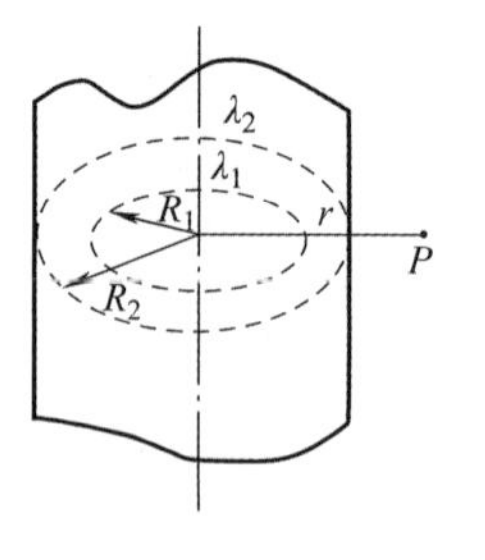

填空题 25-4 图

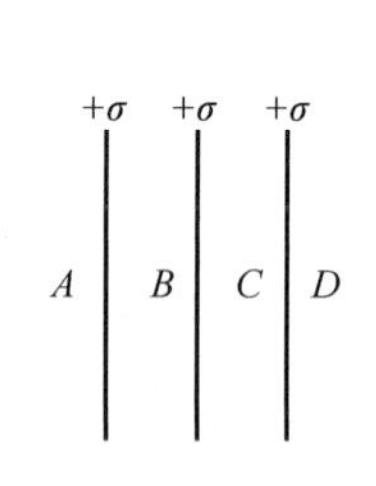

填空题 25-5 图

三、计算题

1. 如计算题 25-1 图所示，一厚度为 d 的"无限大"均匀带电平板，电荷体密度为 ρ。试求板内外的电场强度分布，并画出电场强度随坐标 x 变化的图线，即 E-x 图线（设原点在带电平板的中央平面上，Ox 轴垂直于平板）。

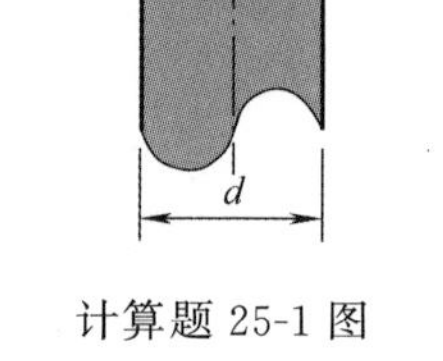

计算题 25-1 图

2. 一半径为 R 的带电球体，其电荷体密度分布为 $\rho=Ar(r\leqslant R)$，$\rho=0(r>R)$，A 为一常量。试求球体内外的电场强度分布。

3. 实验证明，地球表面上方电场不为零，晴天大气电场的平均电场强度为 120V/m，方向向下，这意味着地球表面上有多少过剩电荷？试以每平方厘米的额外电子数来表示。

练习二十六　静电场的环路定理　电势

专业________　**学号**________　**姓名**________　**成绩**________

相关知识点：静电场力的功、静电场的环路定理、电势能、电势、电势差

教学基本要求：

（1）理解静电场力做功的特点及静电场的环路定理。

（2）理解电势能、电势、电势差的概念。

（3）学习简单电荷分布电场电势的计算方法。

一、选择题

1. 在匀强电场中，将一负电荷从 A 移到 B，如选择题 26-1 图所示，则　（　　）

（A）电场力做正功，负电荷的电势能减少。

（B）电场力做正功，负电荷的电势能增加。

（C）电场力做负功，负电荷的电势能减少。

（D）电场力做负功，负电荷的电势能增加。

B
A

选择题 26-1 图

2. 某静电场的电场线如选择题 26-2 图所示，现观察到一负电荷从 M 点移到 N 点。有人根据这个图得出下列几点结论，其中哪点是正确的？　（　　）

（A）电场强度 $E_M < E_N$。　　（B）电势 $U_M < U_N$。

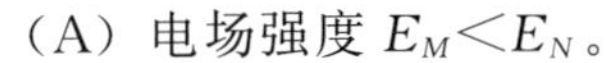

（C）电势能 $W_M < W_N$。　　（D）电场力的功 $A > 0$。

$-q$
M
N

选择题 26-2 图

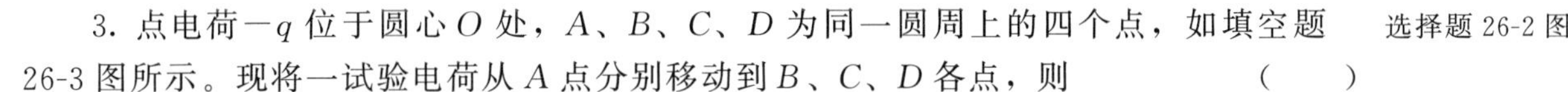

3. 点电荷 $-q$ 位于圆心 O 处，A、B、C、D 为同一圆周上的四个点，如填空题 26-3 图所示。现将一试验电荷从 A 点分别移动到 B、C、D 各点，则　（　　）

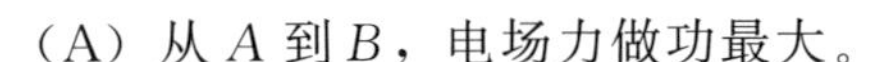

（A）从 A 到 B，电场力做功最大。

（B）从 A 到 C，电场力做功最大。

（C）从 A 到 D，电场力做功最大。

（D）从 A 到各点，电场力做功相等。

$-q$
A
O
B
C
D

选择题 26-3 图

4. 在已知静电场分布的条件下，任意两点 P_1 和 P_2 之间的电势差取决于　（　　）

（A）P_1 和 P_2 两点的位置。　　（B）P_1 和 P_2 两点处的电场强度的大小和方向。

（C）试验电荷所带电荷的正负。　　（D）试验电荷的电荷大小。

5. 半径为 r 的均匀带电球面 1，带有电荷 q，其外有一同心的半径为 R 的均匀带电球 2，带有电荷 Q，此两球面之间的电势差 $U_1 - U_2$ 为　（　　）

（A）$\dfrac{q}{4\pi\varepsilon_0}\left(\dfrac{1}{r}-\dfrac{1}{R}\right)$。　（B）$\dfrac{q}{4\pi\varepsilon_0}\left(\dfrac{1}{R}-\dfrac{1}{r}\right)$。　（C）$\dfrac{1}{4\pi\varepsilon_0}\left(\dfrac{q}{r}-\dfrac{Q}{R}\right)$。　（D）$\dfrac{q}{4\pi\varepsilon_0 r}$。

二、填空题

1. 静电场的环路定理为____________________，表明静电场是________________场。

2. 如填空题 26-2 图所示，在电场强度为 $\boldsymbol{E}$ 的均匀电场中，A、B 两点间距离为 d。AB 连线方向与 $\boldsymbol{E}$ 方向一致。从 A 点经任意路径到 B 点的电场强度线积分 $\int_{AB}\boldsymbol{E}\cdot\mathrm{d}\boldsymbol{l}=$________________。

3. 如填空题 26-3 图所示，在电荷量为 q 的点电荷的静电场中，将一电荷为 q_0 的试验电荷从 a 点经任意路径移动到 b 点，电场力所做的功 $W=$________。

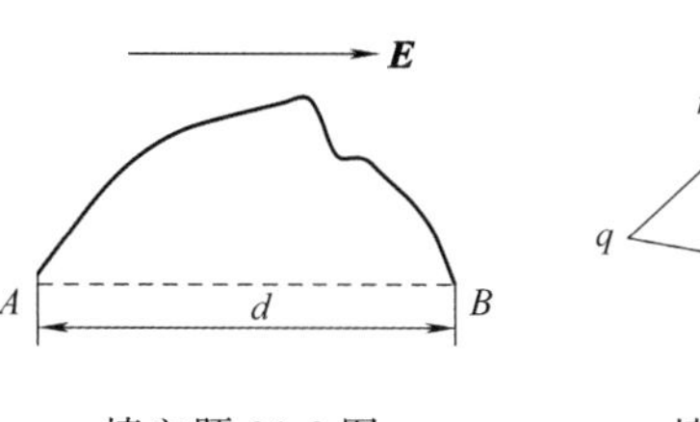

填空题 26-2 图

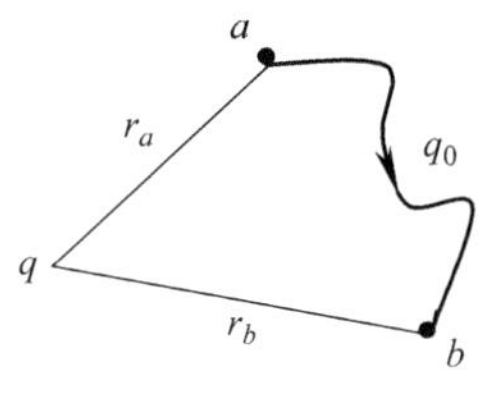

填空题 26-3 图

4. 如填空题 26-4 图所示，BCD 是以 O 点为圆心，以 R 为半径的半圆弧。在 A 点有一电荷量为 $+q$ 的点电荷，O 点有一电荷量为 $-q$ 的点电荷。线段 $BA=R$，现将一单位正点电荷从 B 点沿半圆弧轨道 BCD 移到 D 点，则电场力所做的功为__________。

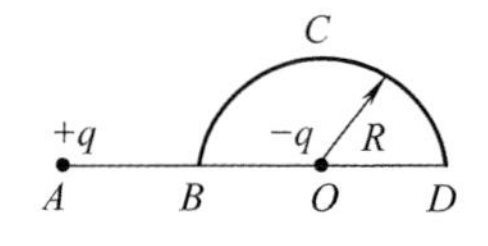

填空题 26-4 图

5. 一均匀静电场的电场强度 $\boldsymbol{E}=(400\boldsymbol{i}+600\boldsymbol{j})\,\mathrm{V/m}$，则点 $a(3, 2)$ 和点 $b(1, 0)$ 之间的电势差 $U_{ab}=$________。(点的坐标 x、y 的单位以米计)

6. 如填空题 26-6 图所示，在静电场中一质子（带电荷量 $e=1.6\times10^{-19}\,\mathrm{C}$）沿图示路径从 a 点经 c 点移动到 b 点，电场力做功 $8.0\times10^{-15}\,\mathrm{J}$。则当质子沿另一路径从 b 点回到 a 点时，电场力做功 $W=$__________。设 a 点电势为零，则 b 点电势 $U_b=$__________。

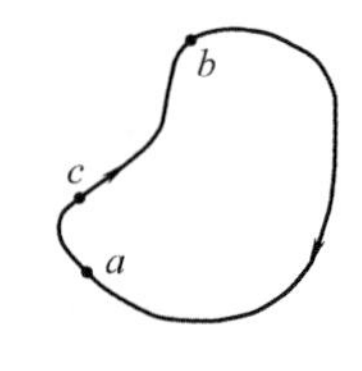

填空题 26-6 图

三、计算题

1. 如计算题 26-1 图所示点电荷系，已知正方形的边长为 a，且 $q_1=q$，$q_2=2q$，$q_3=q$，$q_4=-3q$，现将一试验点电荷 q_0 从无穷远处移动到正方形中心 O 点，试求在此过程中电势能的增量。

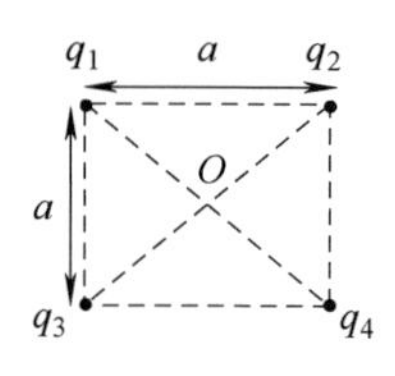

计算题 26-1 图

2. 两个带等量异号电荷的均匀带电同心球面，半径分别为 $R_1=0.03\,\mathrm{m}$ 和 $R_2=0.10\,\mathrm{m}$。已知两者的电势差为 450V，求内球面上所带的电荷。

3. 在盖革计数器中有一半径为 R_2 的金属圆筒，在圆筒轴线上有一条半径为 R_1 的导线，$R_1<R_2$。如果在导线与圆筒之间加上电压 U，试分别求：(1) 在导线表面处，(2) 在圆筒表面处，电场强度的大小。

四、证明题

1. 试用静电场的环路定理证明，电场线为如证明题 26-1 图所示的一系列不均匀分布的平行直线的静电场不存在。

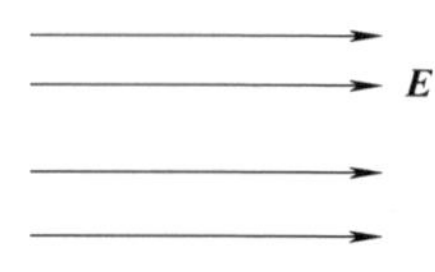

证明题 26-1 图

练习二十七　电势的计算　电势梯度　静电场综合

专业________　学号________　姓名________　成绩________

相关知识点： 电势的两种计算方法、等势面、电势梯度

教学基本要求：

(1) 掌握用电场强度积分法和电势叠加法计算简单电荷分布电场的电势。

(2) 理解等势面的意义及等势面与电场线的关系。

(3) 了解电场强度和电势的微分关系，了解电势梯度。

一、选择题

1. 关于静电场中某点电势值的正负，下列说法中正确的是　(　　)

(A) 电势值的正负取决于置于该点的试验电荷的正负。

(B) 电势值的正负取决于电场力对试验电荷做功的正负。

(C) 电势值的正负取决于电势零点的选取。

(D) 电势值的正负取决于产生电场的电荷的正负。

2. 有 N 个电荷量均为 q 的点电荷，以两种方式分布在相同半径的圆周上：一种是无规则地分布，另一种是均匀分布。比较这两种情况下在过圆心 O 并垂直于圆平面的 z 轴上任一点 P（见选择题 27-2 图）的电场强度与电势，则有　(　　)

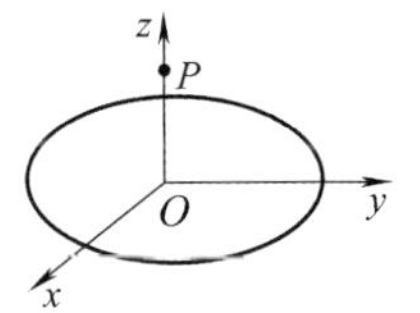

选择题 27-2 图

(A) 电场强度相等，电势相等。

(B) 电场强度不等，电势不等。

(C) 电场强度分量 E_z 相等，电势相等。

(D) 电场强度分量 E_z 相等，电势不等。

3. 如选择题 27-3 图所示，边长为 l 的正方形，在其四个顶点上各放有等量的点电荷。若正方形中心 O 处的电场强度值和电势值都等于零，则　(　　)

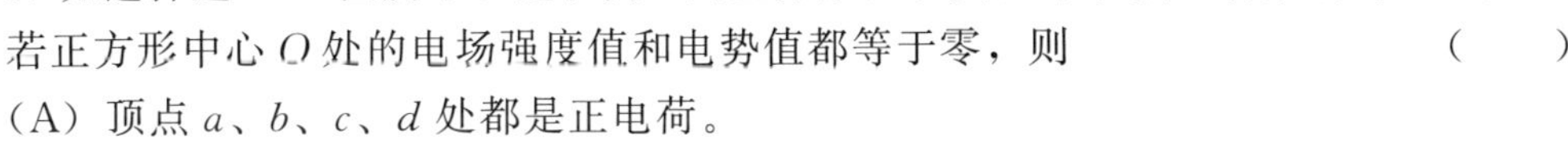

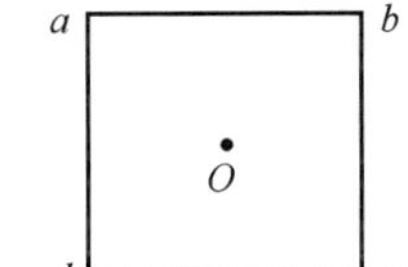

选择题 27-3 图

(A) 顶点 a、b、c、d 处都是正电荷。

(B) 顶点 a、b 处是正电荷，c、d 处是负电荷。

(C) 顶点 a、c 处是正电荷，b、d 处是负电荷。

(D) 顶点 a、b、c、d 处都是负电荷。

4. 有一"无限大"带正电荷的平面，若设平面所在处为电势零点，取 x 轴垂直带电平面，原点在带电平面上，则其周围空间各点电势 V 随距离平面的位置坐标 x 变化的关系曲线为　(　　)

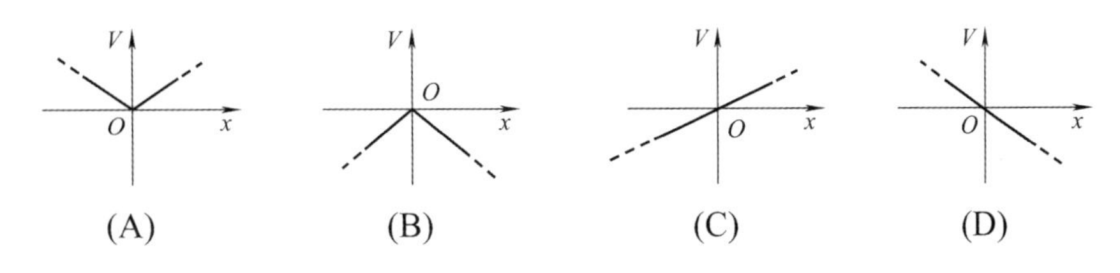

5. 下面说法正确的是　(　　)

(A) 等势面上各点的电场强度大小都相等。

(B) 在电势高处电势能也一定大。

(C) 电场强度大处电势一定高。

(D) 电场强度的方向总是从高电势指向低电势。

6. 一个带正电的点电荷飞入如选择题 27-6 图所示的电场中，它在电场中的运动轨迹为　(　　)

(A) 沿 a。　(B) 沿 b。　(C) 沿 c。　(D) 沿 d。

选择题 27-6 图

二、填空题

1. 两段形状相同的圆弧如填空题 27-1 图所示对称放置，圆弧半径为 R，圆心角为 θ，均匀带电，电荷线密度均为 λ，则圆心 O 点的电场强度大小为__________，电势为__________。

2. 如填空题 27-2 图所示，半径为 R 的均匀带电球面总电荷为 Q，球内距离球心为 r 的 P 点处的电场强度的大小为________，电势为________。

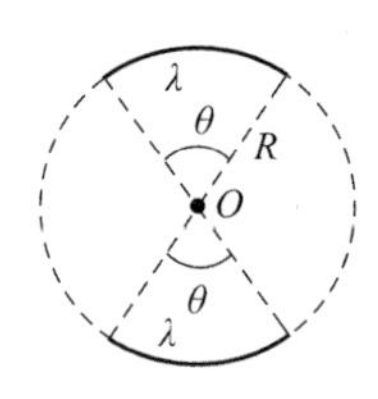

填空题 27-1 图

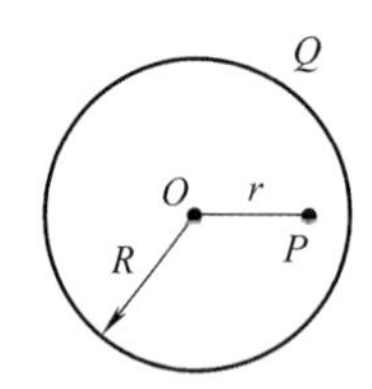

填空题 27-2 图

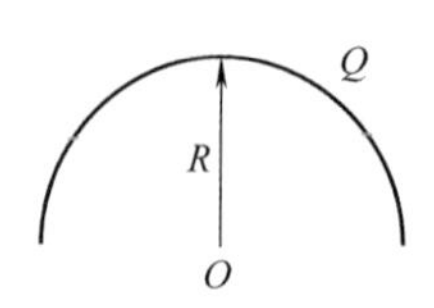

填空题 27-3 图

3. 如填空题 27-3 图所示，真空中有一半径为 R 的半圆细环，均匀带电 Q，若将一带电荷量为 q 的点电荷从无穷远处移到圆心 Q 点，则电场力做功 $W=$________。

4. 真空中一半径为 R 的均匀带电球面，总电荷为 Q。今在球面上挖去很小一块面积 ΔS（连同其上电荷），若电荷分布不改变，则挖去小块后球心处的电势为__________。（设无穷远处电势为零）

三、计算题

1. 质量为 m、电荷量为 q 的带电小球从电势为 V_A 的 A 点运动到电势为 V_B 的 B 点，如果小球在 B 点的速率为 v_B，求小球在 A 点的速率 v_A。

2. 如计算题 27-2 图所示，半径为 R_1 的均匀带电球面 1 带电荷量为 q_1，其外有一同心的半径为 R_2 的均匀带电球面 2，带电荷量为 q_2，试求：(1) 空间的电势分布；(2) 两球面间的电势差。

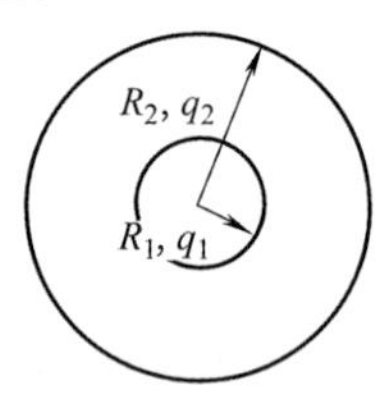

计算题 27-2 图

3. 一半径为 R 的绝缘实心球体，非均匀带电，电荷体密度 $\rho=\rho_0 r$（r 离球心的距离，ρ_0 为常量），设无限远处为电势零点。试求球外（$r>R$）各点的电势分布。

练习二十八　静电场中的导体　静电屏蔽

专业________　学号________　姓名________　成绩________

相关知识点：静电感应、静电平衡、静电屏蔽

教学基本要求：

(1) 理解导体的静电平衡条件和性质，会应用导体静电平衡规律求解电荷和电场的分布。

(2) 了解静电屏蔽的原理和应用。

一、选择题

1. 有一带正电荷的大导体，欲测其附近 P 点处的电场强度，将一个电荷量为 q_0（$q_0>0$）的点电荷放在 P 点处，如选择题 28-1 图所示，测得它所受的力为 $\boldsymbol{F}$。若考虑到电荷量 q_1 不是足够小，则　（　　）

(A) F/q_0 比 P 点处原先的电场强度数值大。

(B) F/q_0 比 P 点处原先的电场强度数值小。

(C) F/q_0 等于 P 点处原先电场强度的数值。

(D) F/q_0 比 P 点处原先电场强度的数值哪个大无法确定。

+　P　q_0

选择题 28-1 图

2. 对于带电的孤立导体球　（　　）

(A) 导体内的电场强度与电势大小均为零。　(B) 导体内的电场强度为零，而电势为恒量。

(C) 导体内的电势比导体表面高。　(D) 导体内的电势与导体表面的电势高低无法确定。

3. 在一个孤立的导体球壳内，若在偏离球中心处放一个点电荷，则在球壳内、外表面上将出现感应电荷，其分布将是：　（　　）

(A) 内表面均匀，外表面也均匀。　(B) 内表面不均匀，外表面均匀。

(C) 内表面均匀，外表面不均匀。　(D) 内表面不均匀，外表面也不均匀。

4. 在一不带电荷的导体球壳的球心处放一点电荷，并测量球壳内外的电场强度分布。如果将此点电荷从球心移到球壳内其他位置，重新测量球壳内外的电场强度分布，则将发现，　（　　）

(A) 球壳内、外电场强度分布均无变化。　(B) 球壳内电场强度分布改变，球壳外不变。

(C) 球壳外电场强度分布改变，球壳内不变。　(D) 球壳内、外电场强度分布均改变。

5. 当一个带电导体达到静电平衡时，　（　　）

(A) 表面上电荷密度较大处电势较高。

(B) 表面曲率较大处电势较高。

(C) 导体内部的电势比导体表面的电势高。

(D) 导体内任一点与其表面上任一点的电势差等于零。

6. 如选择题 28-6 图所示，一封闭的导体壳 A 内有两个导体 B 和 C。A、C 不带电，B 带正电，则 A、B、C 三导体的电势 U_A、U_B、U_C 的大小关系是　（　　）

(A) $U_A=U_B=U_C$。　(B) $U_B>U_A=U_C$。

(C) $U_B>U_C>U_A$。　(D) $U_B>U_A>U_C$。

A　C　B

选择题 28-6 图

二、填空题

1. 一任意形状的带电导体，其电荷面密度分布为 $\sigma(x, y, z)$，则在导体表面外附近任意点处的电场强度的大小 $E(x, y, z)=$__________，其方向______。

2. 如填空题 28-2 图所示，两同心导体球壳的内球壳带电荷 $+q$，外球壳带电荷 $-2q$。当静电平衡时，外球壳的电荷分布为：内表面________；外表面________。

$-2q$　$+q$

填空题 28-2 图

3. 半径为 R 的导体球原不带电，今在距球心为 a 处放一点电荷 $q(a>R)$。设无限远处的电势为零，则导体球的电势为________________。

4. 在一个不带电的导体球壳内，先放进一电荷量为$+q$的点电荷，点电荷不与球壳内壁接触，然后使该球壳与地接触一下，再将点电荷$+q$取走。此时，球壳的电荷为__________，电场分布的范围是__________。

5. 如填空题 28-5 图所示，一个未带电的空腔导体球壳，其内半径为R，在腔内离球心的距离为d处（$d<R$），固定一电荷量为$+q$的点电荷。用导线把球壳接地后，再把地线撤去，选无穷远处为电势零点，则球心O处的电势为__________。

6. 如填空题 28-6 图所示，一无限大均匀带电平面附近设置一与之平行的无限大平面导体板。已知带电面的电荷面密度为σ，则导体板两侧面的感应电荷密度分别为$\sigma_1=$__________和$\sigma_2=$__________。

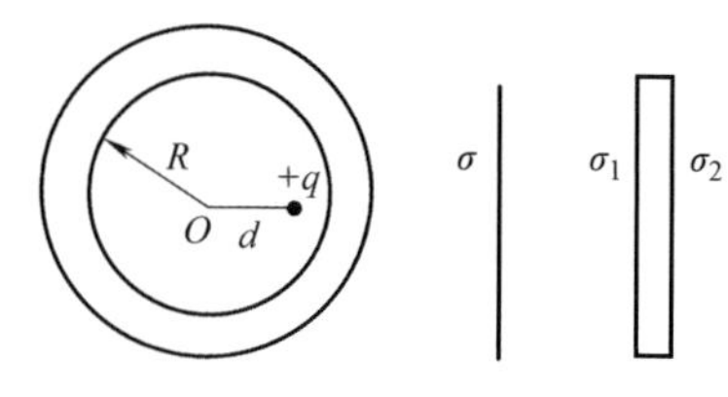

填空题 28-5 图　　填空题 28-6 图

三、计算题

1. 如计算题 28-1 图所示，一内半径为a、外半径为b的金属球壳，带有电荷量Q，在球壳空腔内距离球心r处有一点电荷q，设无限远处为电势零点，试求：(1) 球壳内外表面上的电荷；(2) 球心处由球壳内表面上电荷产生的电势；(3) 球心处的总电势。

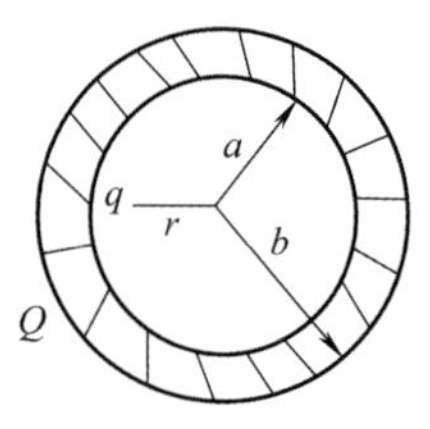

计算题 28-1 图

2. 一导体球半径为R_1，其外部是一个同心的厚导体球壳，球壳内、外半径分别为R_2和R_3。此系统带电后内球电势为V，外球壳所带总电荷量为Q。求此系统各处的电势和电场分布。

3. 电荷以相同的面密度σ分布在半径为$r_1=10\text{cm}$和$r_2=20\text{cm}$的两个同心球面上，设无限远处电势为零，球心处的电势为$V_0=300\text{V}$。(1) 求电荷面密度σ；(2) 若要使球心处的电势也为零，外球面上应放掉多少电荷？

练习二十九　静电场中的电介质　电位移矢量

专业________　学号________　姓名________　成绩________

相关知识点：电介质、电极化强度、电位移矢量、有介质时的高斯定理

教学基本要求：

（1）了解电介质的极化及其微观机理。

（2）了解极化强度的概念及电介质极化规律。

（3）理解电位移矢量的概念。

（4）理解有介质存在时的高斯定理，会计算简单情形下的电场强度。

一、选择题

1. 关于高斯定理，下列说法中正确的是　（　　）

（A）高斯面内不包围自由电荷，则面上各点电位移矢量 $\boldsymbol{D}$ 为零。

（B）高斯面上处处 $\boldsymbol{D}$ 为零，则面内必不存在自由电荷。

（C）高斯面的 $\boldsymbol{D}$ 通量仅与面内自由电荷有关。

（D）以上说法都不正确。

2. 关于静电场中的电位移线，下列说法中正确的是　（　　）

（A）起自正电荷，止于负电荷，不形成闭合线，不中断。

（B）任何两条电位移线互相平行。

（C）起自正自由电荷，止于负自由电荷，任何两条电位移线在无自由电荷的空间不相交。

（D）电位移线只出现在有电介质的空间。

3. 一导体球外充满相对介质电常数为 ε_r 的均匀电介质，若测得导体表面附近电场强度为 E，则导体球面上的自由电荷面密度 σ 为　（　　）

（A）$\varepsilon_0\varepsilon_r E$。　（B）$\varepsilon_r E$。　（C）$\varepsilon_0 E$。　（D）$\varepsilon_0(\varepsilon_r-1)E$。

4. 设有一个带正电的导体球壳，当球壳内充满电介质、球壳外是真空时，球壳外一点的电场强度大小和电势用 E_1、V_1 表示；而球壳内、外均为真空时，壳外一点的电场强度大小和电势用 E_2、V_2 表示，则两种情况下壳外同一点处的电场强度大小和电势大小的关系为　（　　）

（A）$E_1=E_2$，$V_1=V_2$。　（B）$E_1=E_2$，$V_1>V_2$。

（C）$E_1>E_2$，$V_1>V_2$。　（D）$E_1<E_2$，$V_1<V_2$。

5. 在一点电荷 q 产生的静电场中，一块电介质如选择题 29-5 图放置，以点电荷所在处为球心作一球形闭合面 S，则对此球形闭合面　（　　）

（A）高斯定理成立，且可用它求出闭合面上各点的电场强度。

（B）高斯定理成立，但不能用它求出闭合面上各点的电场强度。

（C）由于电介质不对称分布，高斯定理不成立。

（D）即使电介质对称分布，高斯定理也不成立。

选择题 29-5 图

二、填空题

1. 在相对介电常数为 ε_r 的各向同性的电介质中，电位移矢量与电场强度之间的关系是________。

2. 半径为 R_1 和 R_2 的两同轴金属圆筒（$R_1<R_2$），其间充满相对介电常数为 ε_r 的均匀介质，设两筒上电荷线密度分别为 λ 和 $-\lambda$，则介质中电位移矢量大小 $D=$______，电场强度大小 $E=$______。

3. 两个点电荷在真空中相距为 r_1 时的相互作用力等于它们在某一“无限大”各向同性均匀电介质中相距为 r_2 时的相互作用力，则该电介质的相对介电常数 $\varepsilon_r=$____________。

4. 一个半径为 R 的薄金属球壳，带有电荷 q，壳内外充满相对介电常数为 ε_r 的各向同性均匀电介质。设无穷远处为电势零点，则球壳的电势为______________。

三、计算题

1. 有两块平行板，面积均为 $100\mathrm{cm}^2$，板上带有 $8.9\times10^{-7}\mathrm{C}$ 等值异号电荷，板间距远小于平板的线度，现在两板间充满某一均匀电介质，测得介质内部电场强度为 $1.4\times10^6\mathrm{V/m}$，求该介质的相对介电常数 ε_r。

2. A、B 为两块无限大均匀带电平行薄平板，两板间和左右两侧充满相对介电常数为 ε_r 的各向同性均匀电介质。已知两板间的电场强度大小为 $\boldsymbol{E}_0$，两板外的电场强度均为 $\boldsymbol{E}_0/3$，方向如计算题 29-2 图所示。试求 A、B 两板所带电荷面密度 σ_A 和 σ_B。

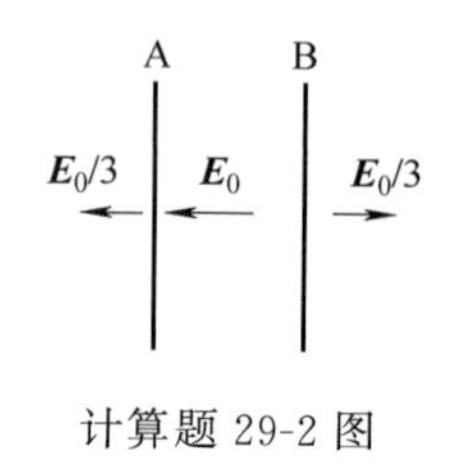

计算题 29-2 图

3. 半径为 R 的导体球，带有正电荷 Q，球外有一同心均匀电介质球壳，球壳的内外半径分别为 a 和 b，相对介电常数为 ε_r。求介质内外的 $\boldsymbol{D}$ 和 $\boldsymbol{E}$。

4. 两同心导体球壳中间充满相对介电常数为 ε_r 的均匀电介质，其余为真空，内球壳半径为 R_1，带电荷量为 Q_1；外球壳半径为 R_2，带电荷量为 Q_2，如计算题 29-4 图所示。求图中距球心 O 分别为 r_1、r_2、r_3 的 a、b、c 三点的电场强度和电势。

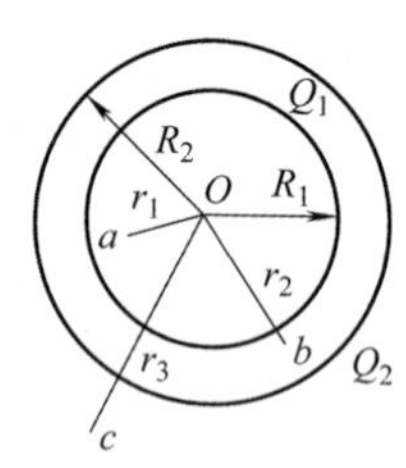

计算题 29-4 图

练习三十　电容器与电容　静电场的能量

专业＿＿＿＿　学号＿＿＿＿＿＿　姓名＿＿＿＿＿＿　成绩＿＿＿＿＿＿

相关知识点： 电容器的电容、电容器的储能、静电场的能量与能量密度

教学基本要求：

（1）理解电容的概念，理解电容的意义。

（2）掌握电容的计算方法，会计算典型电容器和电容器组的电容。

（3）理解电场能量密度的概念，掌握电场能量的计算方法。

一、选择题

1. 两个半径相同的金属球，一个为空心，一个为实心，两者的电容值相比较，（　　）

（A）实心球电容值大。　（B）实心球电容值小。

（C）两球电容值相等。　（D）大小关系无法确定。

2. 在空气平行板电容器中，平行地插上一块各向同性均匀电介质板，如选择题 30-2 图所示。当电容器充电后，若忽略边缘效应，则电介质板中的电场强度 $\boldsymbol{E}$ 与空气中的电场强度 $\boldsymbol{E}_0$ 相比较，应有（　　）

选择题 30-2 图

（A）$E>E_0$，两者方向相同。　（B）$E=E_0$，两者方向相同。

（C）$E<E_0$，两者方向相同。　（D）$E<E_0$，两者方向相同反。

3. 一个平行板电容器，充电后与电源断开，若用绝缘手柄将电容器两极板间距离拉大，则两极板间的电势差 U_{12}、电场强度的大小 E、电场能量 W 将发生如下变化：（　　）

（A）U_{12}减小，E 减小、W 减小。　（B）U_{12}增大，E 增大、W 增大。

（C）U_{12}增大，E 不变、W 增大。　（D）U_{12}减小，E 不变、W 不变。

4. 如果在空气平行板电容器的两极板间平行地插入一块与极板面积相同的各向同性均匀电介质板，由于该电介质板的插入和它在两极板间的位置不同，对电容器电容的影响为（　　）

（A）使电容减小，但与介质板相对极板的位置无关。

（B）使电容减小，且与介质板相对极板的位置有关。

（C）使电容增大，但与介质板相对极板的位置无关。

（D）使电容增大，且与介质板相对极板的位置有关。

5. 如选择题 30-5 图所示，C_1 和 C_2 两空气平行板电容器串联以后接电源充电。在电源保持连接的情况下，在 C_2 中插入一电介质板，则（　　）

选择题 30-5 图

（A）C_1 极板上电荷增加，C_2 极板上电荷增加。

（B）C_1 极板上电荷增加，C_2 极板上电荷减少。

（C）C_1 极板上电荷减少，C_2 极板上电荷增加。

（D）C_1 极板上电荷减少，C_2 极板上电荷减少。

6. 如选择题 30-6 图所示，用力 $\boldsymbol{F}$ 把电容器中的电介质板拉出，在图 a 和图 b 的两种情况下，电容器中储存的静电能量将（　　）

a) 充电后仍与电源连接　b) 充电后与电源断开

选择题 30-6 图

（A）都增加。

（B）都减少。

（C）图 a 增加，图 b 减少。

（D）图 a 减少，图 b 增加。

二、填空题

1. 金属球 A 与同心球壳 B 组成电容器，球 A 上带电荷 q，壳 B 上带电荷 Q，测得球和壳间的电势差为 U_{AB}，则该电容器的电容值为＿＿＿＿＿＿。

2. 一平行板电容器，两板间充满各向同性均匀电介质，已知相对介电常数为 ε_r。若极板上的自由电荷面密度为 σ，则介质中电位移的大小 $D=$________，电场强度的大小 $E=$________。

3. 真空中均匀带电的球面和球体，如果两者的半径和总电荷都相等，则带电球面的电场能量 W_1 与带电球体的电场能量 W_2 相比，W_1 ________ W_2（填<、=、>）。

4. 一空气平行板电容器，其电容值为 C_0，充电后将电源断开，其储存的电场能量为 W_0，今在两极板间充满相对介电常数为 ε_r 的各向同性均匀电介质，则此时电容为____________，储存的电场能量为____________。

三、计算题

1. 如计算题 30-1 图所示，一空气平行板电容器，两极板面积均为 S，板间距离为 d（远远小于极板的线度）。

（1）若在两极板间平行地插入一块面积也是 S，厚度为 t 的金属片，求此时电容器的电容。

（2）若在两极板间平行地插入一块面积也是 S，厚度为 t、介电常数为 ε_r 的电介质片，求此时电容器的电容。

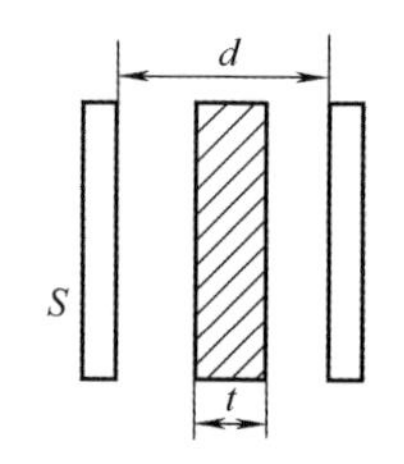

计算题 30-1 图

2. 在相对介电常数 $\varepsilon_r=4$ 的各向同性均匀电介质中，电场能量密度 $w_e=1.77\times10^5\ \text{J/cm}^3$，求电介质中的电场强度的大小。

3. 如计算题 30-3 图所示，一电容器由两个同轴圆筒组成，内筒半径为 a，外筒半径为 b，长都是 L，中间充满相对介电常数为 ε_r 的各向同性均匀介质，内外筒分别带有电荷 Q，设 $L\gg b$，即可忽略边缘效应。求：（1）圆柱形电容器的电容；（2）电容器储存的能量。

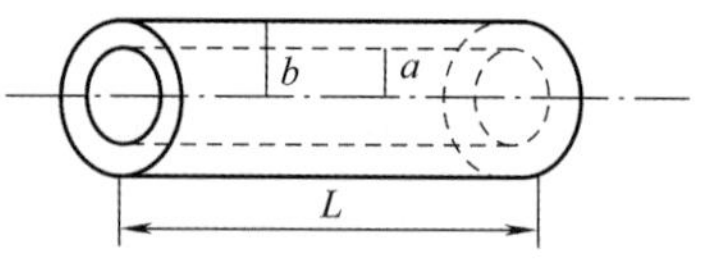

计算题 30-3 图

4. 半径为 2.0cm 的导体球外套有一个与它同心的导体球壳，壳的内外半径分别为 4.0cm 和 5.0cm，球与壳间是真空，壳外也是真空。当内球带电荷为 3.0×10^{-8}C 时，（1）试求这个系统的静电能；（2）如果用导线把壳与球连在一起，结果如何？

练习参考答案

练习一

一、选择题

1. D　2. D　3. B　4. D

二、填空题

1. $(3\boldsymbol{i}+5\boldsymbol{j})$m，$(4\boldsymbol{i}+3\boldsymbol{j})$m；　　2. 7.07m/s 与 x 轴正向成 45°；

3.（1）A，（2）$t=1.19$ s，（3）$t=0.67$ s；　　4. 3，3，6。

三、计算题

1. **解**　小球运动到最高点时速度为零，因此令 $v=\frac{\mathrm{d}x}{\mathrm{d}t}=4-2t=0$，解得 $t=2$s

2. **解**　（1）$t=0$ 时，$x_0=5$m；$t=3$s 时，$x_3=2$m；位移为 $\Delta x=x_3-x_0=-3$m

（2）令 $\frac{\mathrm{d}x}{\mathrm{d}t}=0$，解得 $t=2$s，$t=2$s 前质点速度为负，$t=2$s 后质点速度为正，

路程　$s=|x_0-x_2|+|x_3-x_2|=5$m。

3. **解**　（1）在最初 2s 内的平均速度为　$\bar{v}=\frac{\Delta x}{\Delta t}=\frac{x(2)-x(0)}{\Delta t}=\frac{(4\times2-2\times2^3)-0}{2}\mathrm{m/s}=-4\mathrm{m/s}$

质点的瞬时速度为　$v=\frac{\mathrm{d}x}{\mathrm{d}t}=4-6t^2$

2s 末的瞬时速度为　$v(2)=(4-6\times2^2)\mathrm{m/s}=-20\mathrm{m/s}$

（2）1s 末到 3s 末的位移为　$\Delta x=x(3)-x(1)=(4\times3-2\times3^3)\mathrm{m}-(4\times1-2\times1^3)\mathrm{m}=-44\mathrm{m}$

1s 末到 3s 末的平均速度为　$\bar{v}=\frac{\Delta x}{\Delta t}=\frac{x(3)-x(1)}{\Delta t}=\frac{-44}{2}\mathrm{m/s}=-22\mathrm{m/s}$

（3）1s 末到 3s 末的平均加速度为　$\bar{a}=\frac{\Delta v}{\Delta t}=\frac{v(3)-v(1)}{\Delta t}=\frac{(4-6\times3^2)-(4-6\times1^2)}{2}\mathrm{m/s^2}=-24\ \mathrm{m/s^2}$

（4）质点的瞬时加速度为　$a=\frac{\mathrm{d}v}{\mathrm{d}t}=-12t$

3s 末的瞬时加速度为　$a(3)=-12\times3\ \mathrm{m/s^2}=-36\ \mathrm{m/s^2}$

4. **解**　由题意可知，加速度与时间的关系为　$a=a_0+\frac{a_0}{\tau}t=\frac{\mathrm{d}v}{\mathrm{d}t}$

已知 $t=0$ 时，$v_0=0$，两边积分，得　$v=v_0+\int_0^t a\mathrm{d}t=\int_0^t\left(a_0+\frac{a_0}{\tau}t\right)\mathrm{d}t=a_0t+\frac{a_0}{2\tau}t^2$

假设质点的初始位置为 x_0，由定义 $v=\frac{\mathrm{d}x}{\mathrm{d}t}$，两边积分，得

$$x-x_0=\int_0^t v\mathrm{d}t=\int_0^t\left(a_0t+\frac{a_0}{2\tau}t^2\right)\mathrm{d}t=\frac{1}{2}a_0t^2+\frac{a_0}{6\tau}t^3$$

则经过时间 t 后质点的位移为　$\Delta x=x-x_0=\frac{1}{2}a_0t^2+\frac{a_0}{6\tau}t^3$

5. **解** （1）知加速度$\frac{dv}{dt}=-kv$，得$\frac{dv}{v}=-k dt$

对上式两边积分$\int_{v_0}^{v}\frac{dv}{v}=-k\int_0^t dt$，得到$\ln\frac{v}{v_0}=-kt$，即$v=v_0 e^{-kt}$

（2）刹车后轿车最多能行驶的距离是轿车从刹车到速度为零时（停下）所走的路程。根据$v=v_0 e^{-kt}$，当$t=\infty$时$v=0$。$v=\frac{dx}{dt}$，则$dx=v dt=v_0 e^{-kt} dt$，根据初始条件对上式两边积分$\int_0^x dx=\int_0^{\infty} v_0 e^{-kt} dt$，得$x=\frac{v_0}{k}$或$a=\frac{dv}{dt}=\frac{dv}{dx}\cdot\frac{dx}{dt}=v\frac{dv}{dx}=-kv$，得$dv=-k dx$，两边积分$\int_{v_0}^{0} dv=\int_0^x -k dx$，得$x=\frac{v_0}{k}$

练习二

一、选择题

1. D　2. D　3. B　4. BB

二、填空题

1. $(\omega R-\omega R\cos\omega t)\boldsymbol{i}+\omega R\sin\omega t\boldsymbol{j}$，$2\omega R\left|\sin\dfrac{\omega t}{2}\right|$，$\omega^2 R$；

2. $\boldsymbol{r}=(3t+5)\boldsymbol{i}+(0.5t^2+3t+4)\boldsymbol{j}$，$\boldsymbol{v}=3\boldsymbol{i}+(t+3)\boldsymbol{j}$，$v=\sqrt{58}\text{m/s}=7.6\text{m/s}$；

3. 8m，10m；　4. (1)$s/\Delta t$，(2)$-2\boldsymbol{v}_0/\Delta t$；　5. 0，$\dfrac{2\pi R}{T}$。

三、计算题

1. **解**　设质点落地时的水平方向速率为 v_x，竖直方向速率为 v_y，应有 $v_x=v_0$，$v_y=gt$

因此　$v_t{}^2=v_x^2+v_y^2=v_0^2+(gt)^2$，解得 $t=\sqrt{v_t^2-v_0^2}/g$

2. **解**　(1) 由题意，小环的运动方程为 $x=ut$，$y=\sqrt{2put}(t>0)$，

或者　$\boldsymbol{r}=ut\boldsymbol{i}+\sqrt{2put}\boldsymbol{j}(t>0)$，因此小环速度为 $\boldsymbol{v}=\dfrac{\mathrm{d}\boldsymbol{r}}{\mathrm{d}t}=u\boldsymbol{i}+\sqrt{\dfrac{pu}{2t}}\boldsymbol{j}(t>0)$

(2) 小环的加速度为 $\boldsymbol{a}=\dfrac{\mathrm{d}\boldsymbol{v}}{\mathrm{d}t}=-\sqrt{\dfrac{pu}{8t^3}}\boldsymbol{j}(t>0)$

3. **解**　已知质点运动的加速度，可得

质点的速度为　$\boldsymbol{v}=\boldsymbol{v}_0+\int\boldsymbol{a}\mathrm{d}t=t^2\boldsymbol{i}+t^3\boldsymbol{j}$

运动方程为　$\boldsymbol{r}=\boldsymbol{r}_0+\int\boldsymbol{v}\mathrm{d}t=\dfrac{1}{3}t^3\boldsymbol{i}+\dfrac{1}{4}t^4\boldsymbol{j}$

所以，2s 时质点的速度为　$\boldsymbol{v}=(4\boldsymbol{i}+8\boldsymbol{j})\text{m/s}$

4. **解**　设杆长为 l，如计算题 2-4 解答图建立平面直角坐标系，中点 C 的坐标为 (x_C, y_C)，则有 $x_C=x_B/2$，$y_C=y_A/2$，

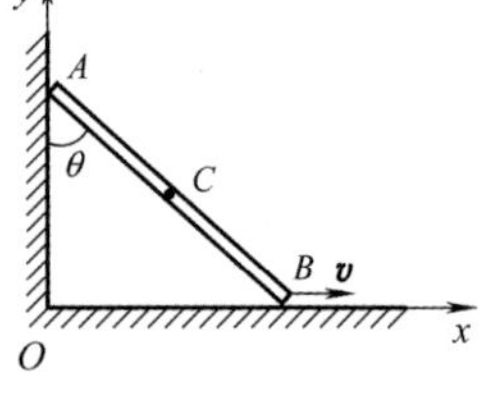

计算题 2-4 解答图

由于 $x_B^2+y_A^2=l^2$，因此 $2x_B\dfrac{\mathrm{d}x_B}{\mathrm{d}t}+2y_A\dfrac{\mathrm{d}y_A}{\mathrm{d}t}=0$，

由于 $v_{Cx}=\dfrac{\mathrm{d}x_C}{\mathrm{d}t}=\dfrac{1}{2}\dfrac{\mathrm{d}x_B}{\mathrm{d}t}=\dfrac{1}{2}v$，且 $\tan\theta=x_B/y_A$，可得

$v_{Cy}=\dfrac{\mathrm{d}y_C}{\mathrm{d}t}=\dfrac{1}{2}\dfrac{\mathrm{d}y_A}{\mathrm{d}t}=-\dfrac{1}{2}\dfrac{\mathrm{d}x_B}{\mathrm{d}t}\dfrac{x_B}{y_A}=-\dfrac{v}{2}\tan\theta$，

因此 $v_C=\sqrt{v_{Cx}^2+v_{Cy}^2}=\sqrt{\left(\dfrac{v}{2}\right)^2+\left(-\dfrac{v}{2}\tan\theta\right)^2}=\dfrac{v}{2\cos\theta}$，方向与水平方向成 θ 角，斜向下。

四、证明题

证明　如证明题 2-1 解答图所示，设在竖直面 xOy 平面内，从原点 O 以初速度 $\boldsymbol{v}_0$ 将质点抛出，$\boldsymbol{v}_0$ 与 x 轴成任意角 α，则在任意时刻质点的位置为

$$x=v_0t\cos\alpha \tag{1}$$

$$y=v_0t\sin\alpha-\frac{1}{2}gt^2 \tag{2}$$

从式 (2) 得到　$y+gt^2/2=v_0t\sin\alpha$　(3)

将式 (1) 和式 (3) 两边分别平方后再相加，得到 $x^2+(y+gt^2/2)^2=(v_0t)^2$

这是一个圆的轨迹方程，圆心在 $(0,-gt^2/2)$，半径为 v_0t，得证。

证明题 2-1 解答图

练习三

一、选择题

1.B　2.B　3.D　4.B　5.C

二、填空题

1. 2π；　2. 1s，1.5m，0.5rad；　3. $50\boldsymbol{j}$m/s，0，圆；

4. $v_0\cos$，0，g，g；

5. (A)一般曲线运动，(B)变速直线运动，(C)匀速率曲线运动。

三、计算题

1. **解**　(1) 由题意，有 $v=R\dfrac{d\theta}{dt}=3Rkt^2$

切向加速度为 $a_t=\dfrac{dv}{dt}=R\dfrac{d^2\theta}{dt^2}=6Rkt$；法向加速度为 $a_n=\dfrac{v^2}{R}=9Rk^2t^4$

质点加速度的大小为 $a=\sqrt{a_t^2+a_n^2}=3Rkt\sqrt{9k^2t^6+4}$

其方向与切向的夹角为 $\tan\alpha=a_n/a_t=\dfrac{3}{2}kt^3$

(2) 由 $a_n=a_t$，可得当 $t=\sqrt[3]{2/(3k)}$时，质点的切向加速度等于法向加速度。

2. **解**　由线速度公式 $v=R\omega=Rkt^2=1\times kt^2$

得　$k=\dfrac{v}{t^2}=\dfrac{16}{2^2}=4\ \text{m/s}^3$

P 点的速率为　$v=4t^2$

P 点的切向加速度大小为　$a_t=\dfrac{dv}{dt}=8t$

P 点的法向加速度大小为　$a_n=\dfrac{v^2}{R}=\dfrac{(4t^2)^2}{1}=16t^4$

当 $t=1$s 时：$v=4t^2=4\times1^2\text{m/s}=4\text{m/s}$

$$a_t=8t=8\ \text{m/s}^2,\ a_n=16t^4=16\times1^4\text{m/s}^2=16\ \text{m/s}^2$$

$$a=\sqrt{a_t^2+a_n^2}=\sqrt{16^2+8^2}\text{m/s}^2=8\sqrt{5}\text{m/s}^2\approx17.9\ \text{m/s}^2$$

3. **解**　根据定义，质点运动的速率　$v=\dfrac{ds}{dt}=b+ct$

切向加速度大小 $a_t=\dfrac{dv}{dt}=c$，法向加速度大小 $a_n=\dfrac{v^2}{R}=\dfrac{(b+ct)^2}{R}$。当它们相等时

$$c=(b+ct)^2/R,\ c^2t^2+2bct+b^2-cR=0$$

解上述方程得到　$t=\dfrac{-b\pm\sqrt{cR}}{c}$

因 $t>0$，故得到所经历的时间　$t=\sqrt{\dfrac{R}{c}}-\dfrac{b}{c}$。

4. **解**　抛体运动的加速度大小为 g，方向竖直向下，

依题意 P 点处加速度切向分量为　$a_t=g\sin30°=g/2$

加速度法向分量为　$a_n=g\cos30°=\sqrt{3}g/2$

根据　$a_n=v^2/\rho$，得 P 点处曲率半径　$\rho=v^2/a_n=2\sqrt{3}v^2/3g$

练习四

一、选择题

1. B　2. A　3. A　4. C　5. D

二、填空题

1. $y=\frac{g}{2}\frac{x^2}{(v+v_0)^2}$，$y=\frac{g}{2}\frac{x^2}{v^2}$；　2. $\boldsymbol{v}_1+\boldsymbol{v}_2+\boldsymbol{v}_3=0$；　3. t，$10t$；

4. $2\boldsymbol{j}\ \mathrm{m/s^2}$，$1.41\ \mathrm{m/s^2}$；　5. $80\ \mathrm{m/s^2}$，$2\ \mathrm{m/s^2}$；

6. $\frac{1}{v}=\frac{1}{2}kt^2+\frac{1}{v_0}$。

三、计算题

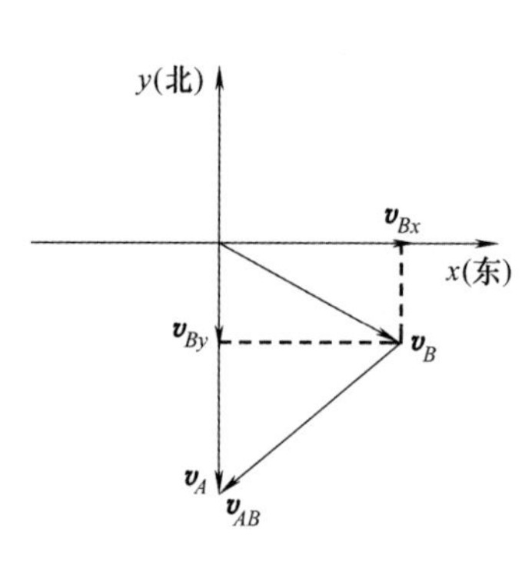

计算题 4-1 解答图

1. **解**　如计算题 4-1 解答图所示，$\boldsymbol{v}_A=-v\boldsymbol{j}$，$\boldsymbol{v}_B=\frac{\sqrt{3}}{2}v\boldsymbol{i}-\frac{1}{2}v\boldsymbol{j}$

A 相对于 B　$\boldsymbol{v}_{AB}=\boldsymbol{v}_A-\boldsymbol{v}_B=-\frac{\sqrt{3}}{2}v\boldsymbol{i}-\frac{1}{2}v\boldsymbol{j}$

B 相对于 A　$\boldsymbol{v}_{BA}=\boldsymbol{v}_B-\boldsymbol{v}_A=\frac{\sqrt{3}}{2}v\boldsymbol{i}+\frac{1}{2}v\boldsymbol{j}$

由图可知，$|\boldsymbol{v}_{AB}|=v$，方向南偏西 60°

$|\boldsymbol{v}_{BA}|=v$，方向北偏东 60°

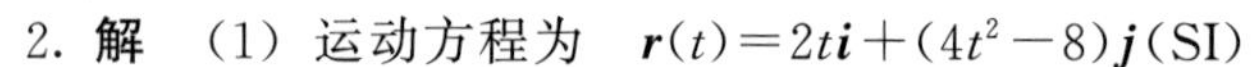

2. **解**　(1) 运动方程为　$\boldsymbol{r}(t)=2t\boldsymbol{i}+(4t^2-8)\boldsymbol{j}$(SI)

(2) $t=1\mathrm{s}$ 时，$\boldsymbol{r}_1=(2\boldsymbol{i}-4\boldsymbol{j})\mathrm{m}$；$t=2\mathrm{s}$ 时 $\boldsymbol{r}_2=(4\boldsymbol{i}+8\boldsymbol{j})\mathrm{m}$

这 1s 内的位移　$\Delta\boldsymbol{r}=\boldsymbol{r}_2-\boldsymbol{r}_1=(2\boldsymbol{i}+12\boldsymbol{j})\mathrm{m}$

(3) $\boldsymbol{v}=\frac{\mathrm{d}\boldsymbol{r}}{\mathrm{d}t}=2\boldsymbol{i}+8t\boldsymbol{j}$，$\boldsymbol{a}=\frac{\mathrm{d}\boldsymbol{v}}{\mathrm{d}t}=8\boldsymbol{j}$(SI)

$t=2\mathrm{s}$ 时，$\boldsymbol{v}_2=(2\boldsymbol{i}+16\boldsymbol{j})\mathrm{m/s}$，$\boldsymbol{a}_2=8\boldsymbol{j}\mathrm{m/s^2}$

3. **解**　如计算题 4-3 解答图所示，建立坐标系，船离开岸边的距离为 l，探照灯光束与岸边夹角用 φ 表示，图中 $\theta=90°-\varphi$，则有 $\tan\theta=\frac{x}{l}$。

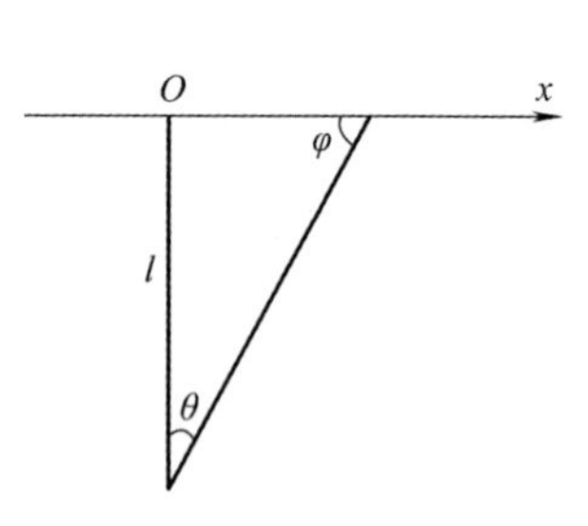

计算题 4-3 解答图

光束沿岸边移动的速率为

$$v=\frac{\mathrm{d}x}{\mathrm{d}t}=l\frac{\mathrm{d}(\tan\theta)}{\mathrm{d}t}=\frac{l}{\cos^2\theta}\frac{\mathrm{d}\theta}{\mathrm{d}t}$$

依题意，$\omega=\frac{\mathrm{d}\theta}{\mathrm{d}t}=2\pi n=\frac{\pi}{30}/\mathrm{s}$，当 $\varphi=60°$时，

$$v=\frac{\mathrm{d}x}{\mathrm{d}t}=l\omega/\sin^2\varphi=69.8\mathrm{m/s}。$$

四、作图题

1. 如作图题 4-1 解答图所示。

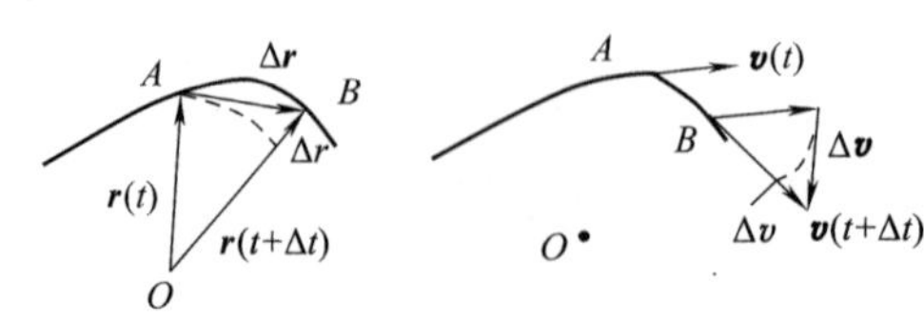

作图题 4-1 解答图

练习五

一、选择题

1. A　2. B　3. B　4. D

二、填空题

1. $F/5$；　2. $m\dfrac{dv}{dt}=F_0(1-kt)$，$v_0+\dfrac{F_0}{m}\left(t-\dfrac{1}{2}kt^2\right)$，$v_0t+\dfrac{F_0}{m}\left(\dfrac{1}{2}t^2-\dfrac{1}{6}kt^3\right)$；

3. 0，m_3g，m_1a，$(m_1+m_2+m_3)a$。

三、计算题

1. **解**　根据牛顿定律　$\boldsymbol{F}=m\boldsymbol{a}$，有质点加速度 $\boldsymbol{a}=\dfrac{\boldsymbol{F}}{m}=4t\boldsymbol{i}$

由题意，当 $t=0$ 时，$\boldsymbol{r}_0=0$，$\boldsymbol{v}_0=2\boldsymbol{j}$ m/s，因此质点速度为 $\boldsymbol{v}=\boldsymbol{v}_0+\int_0^t\boldsymbol{a}dt=2t^2\boldsymbol{i}+2\boldsymbol{j}$

任意时刻质点的位置矢量为 $\boldsymbol{r}=\boldsymbol{r}_0+\int_0^t\boldsymbol{v}dt=\dfrac{2}{3}t^3\boldsymbol{i}+2t\boldsymbol{j}$

2. **解**　以竖直向下为 x 轴正方向，由牛顿第二定律，有 $m\dfrac{dv}{dt}=mg-kv$

可得

$$dt=\frac{m dv}{mg-kv}$$

当 $t=0$ 时，$v_0=0$，两边积分得　$\int_0^t dt=\int_0^v\dfrac{m dv}{mg-kv}=-\dfrac{m}{k}\int_0^v\dfrac{d(mg-kv)}{mg-kv}$

$$t=-\frac{m}{k}\ln(mg-kv)\Big|_0^v=\frac{m}{k}\ln\frac{mg}{mg-kv},\quad 故\quad v=\frac{mg}{k}\left(1-e^{-\frac{k}{m}t}\right)$$

3. **解**　如计算题 5-3 解答图所示，以斜面斜向下为正方向，物体的动力学方程分别为

$$m_1g\sin\theta-\mu_1m_1g\cos\theta-F=m_1a_1$$
$$F+m_2g\sin\theta-\mu_2m_2g\cos\theta=m_2a_2$$
$$a_1=a_2$$

计算题 5-3 解答图

联合求解得到　$a_1=a_2=g\sin\theta-\dfrac{\mu_1m_1+\mu_2m_2}{m_1+m_2}g\cos\theta$

$$F=\frac{(\mu_2-\mu_1)\ m_1m_2}{m_1+m_2}g\cos\theta$$

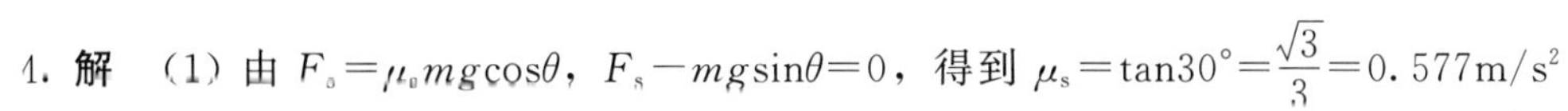

4. **解**　(1) 由 $F_s=\mu_s mg\cos\theta$，$F_s-mg\sin\theta=0$，得到 $\mu_s=\tan30°=\dfrac{\sqrt{3}}{3}=0.577\text{m/s}^2$

下滑时　$mg\sin\theta-\mu mg\cos\theta=ma$

由匀加速直线运动　$s=\dfrac{1}{2}at^2$，$a=2s/t^2=0.5\text{m/s}^2$

将上式　$mg\sin\theta$ 以 $F_s=\mu_s mg\cos\theta$ 代入得　$\mu_s mg\cos\theta-\mu mg\cos\theta=ma$

$$\mu=\mu_s-\frac{a}{g\cos\theta}=0.577-\frac{0.5}{9.8\times0.866}=0.52$$

四、简答题

1. 答 $F-G\cos\theta=0$ 是错误的。

因为物体的加速度始终指向 O 点，在拉力 $\boldsymbol{F}$ 的方向上的分量不为零，沿绳子拉力 $\boldsymbol{F}$ 的方向上应有 $F-G\cos\theta=ma\sin\theta$，它与 $F\cos\theta-G=0$ 同时成立。

练习六

一、选择题

1. B　2. C　3. D　4. A　5. D

二、填空题

1. $m\boldsymbol{v}$，0；　2. $(25\boldsymbol{i}+20\boldsymbol{j})$N·s，$(-21\boldsymbol{i}-14\boldsymbol{j})$N·s；

3. 36N；　4. $(m+m')\boldsymbol{u}$；　5. 1m/s，0.5m/s。

三、计算题

1. **解**　爆炸力是两飞船之间的相互作用力，对两飞船产生的冲量大小相等，方向相反，用I表示两飞船之间冲量的大小，则有$I=m_1v_1$，$-I=m_2v_2$，两飞船的相对速率为

$$v_{12}=|v_1-v_2|=\frac{I}{m_1}+\frac{I}{m_2}=\frac{5}{6}\text{m/s}$$

2. **解**　(1) 根据下式计算出子弹到达枪口处所需的时间：$F=400-\frac{4\times10^5}{3}t^3=0$，故子弹走完枪筒全长所用的时间为　$t^3=\frac{3\times400}{4\times10^5}\text{s}^3$，$t=\frac{\sqrt[3]{3}}{10}\text{s}=0.144\text{s}$。

(2) 根据冲量的定义，子弹在枪筒中所受力的冲量为

$I=\int_0^t F\text{d}t=\int_0^t\left(400-\frac{4\times10^5}{3}t^3\right)\text{d}t=400t-\frac{1}{3}\times10^5t^4$，当$t=0.144\text{s}$时，$I=43.3\text{N}\cdot\text{s}$

(3) 根据质点的动量定理$I=mv-0$，得到子弹的质量为　$m=\frac{I}{v}=0.144\text{kg}$

3. **解**　利用冲量的定义先求冲量$I=\int_{t_1}^{t_2}F\text{d}t$。从静止$t_1=0$开始到$t_2=4.0\text{s}$，水平拉力的冲量就是计算题6-3图中直角三角形的面积，因此　$I=\int_0^4F\text{d}t=\frac{1}{2}\times30\times(4-0)\text{N}\cdot\text{s}=60\text{N}\cdot\text{s}$

设物体在$t=4.0\text{s}$时的速率为v_2，而物体初速率$v_1=0$，利用动量定理有

$$I=\int_0^4F\text{d}t=mv_2-mv_1=mv_2,\ v_2=\frac{I}{m}=\frac{60}{10}\text{m/s}=6\text{m/s}$$

4. **解**　由题给条件可知物体与桌面间的正压力　$F_\text{N}=F\sin30°+mg$

物体要有加速度，必须　$F\cos30°\geqslant\mu F_\text{N}$，有$(F\cos30°-\mu F\sin30°)\geqslant\mu mg$，

即　$(5\sqrt{3}-1)t\geqslant1.96$，解得　$t\geqslant0.256\text{s}=t_0$

物体开始运动后，所受冲量为$I=\int_{t_0}^{t}(F\cos30°-\mu F_\text{N})\text{d}t=3.83(t^2-t_0^2)-1.96(t-t_0)$

$t=3\text{s}$时，$I=28.8\text{N}\cdot\text{s}$

则此时物体动量的大小为$mv=I$，速度的大小为$v=I/m=28.8\text{m/s}$

5. **解**　如计算题6-5解答图所示，将细杆分为无限多小质元$\text{d}m$，

$$\text{d}m=\rho\text{d}x=\rho_0\frac{x}{l}\text{d}x$$

由质心定义有　$x_C=\dfrac{\int_0^l x\text{d}m}{\int_0^l\text{d}m}=\dfrac{\int_0^l x\rho_0\frac{x}{l}\text{d}x}{\int_0^l\rho_0\frac{x}{l}\text{d}x}=\dfrac{\int_0^l x^2\text{d}x}{\int_0^l x\text{d}x}=\dfrac{2}{3}l$

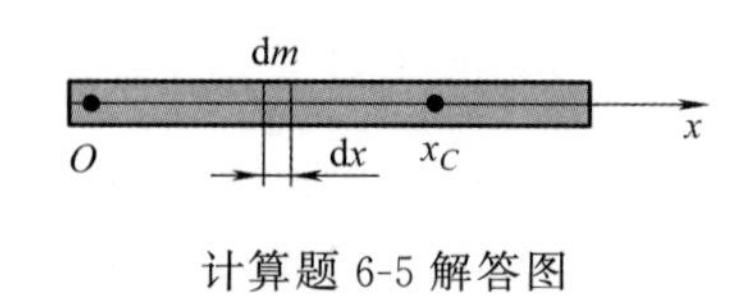

计算题6-5解答图

练习七

一、选择题

1. B　2. C　3. C　4. C

二、填空题

1. 3.0 km/h；　2. 2∶1；　3. 4m/s；

4. $L_1=mvr_1\sin\varphi_1=1.83\times10^6$（$kg\cdot m^2\cdot s^{-1}$），$L_2=mvr_2\sin\varphi_2=mvr_2\sin0=0$；

5. 12；　6. $m\omega ab$，0。

三、计算题

1. **解**　设A、B的质量分别为m_A、m_B，以向右为正向，依题意，

$$m_A\times0.5=m_A\times(-0.1)+m_B\times0.3 \tag{1}$$

$$(m_A+1)\times0.5=m_B\times0.5 \tag{2}$$

解得　$m_A=1kg$，$m_B=2kg$

2. **解**　在最高点，抛物瞬间人和物体在水平方向上无外力作用，由系统水平方向动量守恒有

$mv'+m_0v=(m+m_0)v_0\cos\alpha$，其中　$v'=v-u$

代入求得人到达最高点时的速率　$v=v_0\cos\alpha+\dfrac{m}{m+m_0}u$

人的水平速度增量　$\Delta v=v-v_0\cos\alpha=\dfrac{m}{m_0+m}u$

由运动学可求出人从最高点到落地的跳跃时间　$t=\sqrt{\dfrac{2H}{g}}=\dfrac{v_0\sin\alpha}{g}$

故增加距离　$\Delta x=\Delta vt=\dfrac{muv_0}{(m+m_0)g}\sin\alpha$

3. **解**　假设t时刻，火箭的质量为m，速率为v，经过dt时间，喷出质量dm'的气体，火箭的速度变为$v+dv$，由动量定理得到

$-mgdt=[(m-dm')(v+dv)+dm'(v+dv-u)]-mv$，其中$dm'=-dm$

化简得　$-mgdt=mdv+udm$

因此有　$dv=-gdt-u\dfrac{dm}{m}$，两边积分：　$\displaystyle\int_0^v dv=-\int_0^t gdt-\int_{m_0}^m u\frac{dm}{m}$

得到　$v=-gt-u\ln\dfrac{m}{m_0}$，即　$v=u\ln\dfrac{m_0}{m}-gt$，式中$m=m_0-\dfrac{dm}{dt}t$

4. **解**　平衡时　$F_1=m_1g=m\dfrac{v_1^2}{r_1}$，$F_2=(m_1+m_2)g=m\dfrac{v_2^2}{r_2}$

根据角动量守恒定律，有　$mv_1r_1=mv_2r_2$

解得　$r_2=\sqrt[3]{\dfrac{m_1}{m_1+m_2}}\,r_1=2.17cm$

练习八

一、选择题

1. B　2. C　3. D　4. C　5. B

二、填空题

1. $\dfrac{m^2g^2}{2k}$；　2. (1)16J，4m/s，(2)18J，4.24m/s；

3. $\dfrac{2Gmm_E}{3R}$；$-\dfrac{Gmm_E}{3R}$。

三、计算题

1. **解**　$W=\int_0^A \boldsymbol{F}\cdot \mathrm{d}\boldsymbol{r}=\int_0^A F_0(x\boldsymbol{i}+y\boldsymbol{j})\cdot \mathrm{d}\boldsymbol{r}$

$$=\int_0^0 F_0 x\mathrm{d}x+\int_0^{2R}F_0 y\mathrm{d}y=2F_0R^2$$

2. **解**　由 $x=ct^3$ 可求物体的速度　$v=\dfrac{\mathrm{d}x}{\mathrm{d}t}=3ct^2$

物体受到的阻力为　$F_{阻}=-kv^2=-9kc^2t^4=-9kc^{2/3}x^{4/3}$

力对物体所做的功为　$W=\int_0^l f\mathrm{d}x=\int_0^l -9kc^{2/3}x^{4/3}\mathrm{d}x=-\dfrac{27}{7}kc^{2/3}l^{7/3}$

3. **解**　(1) 设子弹和木块的质量分别为 m 和 m_0，根据系统动量守恒 $mv_0=m_0V+mv$，得木块在子弹穿出后的速率为

$$u=\frac{m(v_0-v)}{m_0}=\frac{2\times10^{-3}\times(500-100)}{1}\mathrm{m/s}=0.8\mathrm{m/s}$$

由动能原理，木块与平面间的滑动摩擦力做的功等于木块损失的动能，即

$$-F_fx=-\mu m_0gx=\Delta E_{km_0}=0-\frac{1}{2}m_0u^2$$

得
$$\mu=\frac{u^2}{2gx}=\frac{0.64}{2\times9.8\times0.2}=0.163$$

(2) 子弹动能减少　$\Delta E_{km}=\dfrac{1}{2}m(v_0^2-v^2)=\dfrac{1}{2}\times2\times10^{-3}\times(500^2-100^2)\ \mathrm{J}=240\ \mathrm{J}$

子弹动量减少　$\Delta p=m(v_0-v)=2\times10^{-3}\times(500-100)\mathrm{kg\cdot m\cdot s^{-1}}=0.8\ \mathrm{kg\cdot m\cdot s^{-1}}$

4. **解**　(1) 由题意　$\boldsymbol{v}=\dfrac{\mathrm{d}\boldsymbol{r}}{\mathrm{d}t}=-\omega a\sin\omega t\boldsymbol{i}+\omega b\cos\omega t\boldsymbol{j}$

$$v_x=-\omega a\sin\omega t,\quad v_y=\omega b\cos\omega t$$

在点 A $(a,0)$，$\sin\omega t=0$，$\cos\omega t=1$，$v_x=0$，$v_y=\omega b$，$E_{kA}=\dfrac{1}{2}mv_x^2+\dfrac{1}{2}mv_y^2=\dfrac{1}{2}mb^2\omega^2$

在点 B $(0,b)$，$\sin\omega t=1$，$\cos\omega t=0$，$v_x=-\omega a$，$v_y=0$，$E_{kB}=\dfrac{1}{2}mv_x^2+\dfrac{1}{2}mv_y^2=\dfrac{1}{2}ma^2\omega^2$

(2) 合外力 $\boldsymbol{F}$ 为　$\boldsymbol{F}=m\boldsymbol{a}=m\dfrac{\mathrm{d}\boldsymbol{v}}{\mathrm{d}t}=-m\omega^2(a\cos\omega t\boldsymbol{i}+b\sin\omega t\boldsymbol{j})$

分力 F_x 的功为　$W_x=\int_A^B F_x\mathrm{d}x=\int_a^0 -m\omega^2x\mathrm{d}x=\dfrac{1}{2}ma^2\omega^2$

分力 F_y 的功为　$W_y=\int_A^B F_y\mathrm{d}y=\int_0^b -m\omega^2y\mathrm{d}y=-\dfrac{1}{2}mb^2\omega^2$

练习九

一、选择题

1. B　2. D　3. C　4. C　5. C

二、填空题

1. $W_{外}=E_{k2}-E_{k1}$，$W_{外}+W_{内}=E_{k2}-E_{k1}$，$W_{外}+W_{非保内}=E_2-E_1$；

2. $\sqrt{2}v/2$；　3. $\frac{1}{2}\sqrt{3gL}$；　4. $mgh+\frac{m^2g^2}{2k}$。

三、计算题

1. **解**　以两粒子为系统，只有相互作用的引力，根据动量守恒定律，有　$mv+m_0v_0=0$　(1)

再根据机械能守恒定律，有　$\frac{1}{2}mv^2+\frac{1}{2}m_0v_0^2-G\frac{mm_0}{d}=0$　(2)

式 (1) 和式 (2) 联立解得　$v=\sqrt{\frac{2G}{d}\frac{m_0^2}{m+m_0}}$，$v_0=-\sqrt{\frac{2G}{d}\frac{m^2}{m+m_0}}$

因此，两粒子彼此接近的速率为　$|v-v_0|=\sqrt{\frac{2G}{d}\frac{m_0^2}{m+m_0}}+\sqrt{\frac{2G}{d}\frac{m^2}{m+m_0}}=\sqrt{\frac{2G(m_0+m)}{d}}$

2. **解**　如计算题 9-2 解答图所示，(1) 物体 A、B 一起运动，机械能守恒，当两物体运动到弹簧原长位置时，两物体将要分离，此时两物体的速度 v 满足

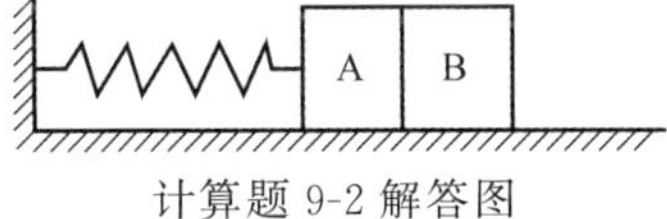

计算题 9-2 解答图

$$\frac{1}{2}kx_1^2=\frac{1}{2}(m_A+m_B)v^2,\quad v=x_1\sqrt{\frac{k}{(m_A+m_B)}}=6.0\text{m/s}$$

(2) 物体 A 向右运动的最大距离 x_2 满足 $\frac{1}{2}kx_2^2=\frac{1}{2}m_Av^2$，$x_2=v\sqrt{\frac{m_A}{k}}=0.158\text{m}$

3. **解**　重物在沿圆环滑动的过程中，只有重力和弹力做功，所以机械能守恒，如计算题 9-3 解答图所示，有　$\frac{1}{2}k\Delta l_B{}^2+mg(2R-1.6R\cos\theta)=\frac{1}{2}k\Delta l_C{}^2+\frac{1}{2}mv_C^2$

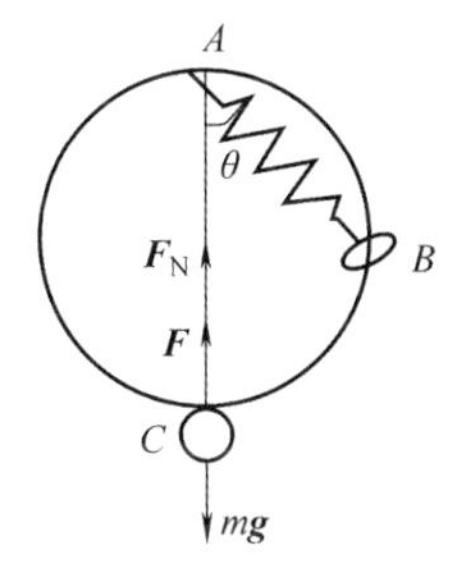

计算题 9-3 解答图

其中　$\Delta l_B=0.6R$，$\Delta l_C=R$，$\cos\theta=1.6R/2R=0.8$

由题意可知 $mg=kR$，即 $k=mg/R$，所以有 $v_C^2=0.8gR$

重物在圆环 C 处所受的力为重力 $m\boldsymbol{g}$、弹力 $\boldsymbol{F}$ 和环的支持力 $\boldsymbol{F}_N$，都沿着竖直方向，所以重物在 C 点的加速度为　$a_C=v_C^2/R$

由牛顿第二定律有　$F_N+F-mg=ma_C=mv_C^2/R$

其中 $F=kR=mg$，因此 $F_N=mv_C^2/R$。代入 v_C，可得 $a_C=0.8g$，$F_N=0.8mg$

4. **解**　(1) 卫星所受的地球引力提供其做圆周运动的向心力，则　$\frac{Gmm_E}{R^2}=\frac{mv^2}{R}$

得卫星的动能为 $E_k=\frac{1}{2}mv^2=\frac{Gmm_E}{2R}$，动能的变化为　$\Delta E_k=\frac{Gmm_E}{2R_2}-\frac{Gmm_E}{2R_1}$

势能的变化为　$\Delta E_p=\left(-\frac{Gmm_E}{R_2}\right)-\left(-\frac{Gmm_E}{R_1}\right)=-\left(\frac{Gmm_E}{R_2}-\frac{Gmm_E}{R_1}\right)$

上式表明：$\Delta E_p=-2\Delta E_k$，机械能的变化　$\Delta E=\Delta E_k+\Delta E_p=-\Delta E_k=\frac{Gmm_E}{2R_1}-\frac{Gmm_E}{2R_2}$

(2) 引力是保守内力，它做的功等于势能的减少，即　$W_G=-\Delta E_p=2\Delta E_k=\left(\frac{Gmm_E}{R_2}-\frac{Gmm_E}{2R_1}\right)$

(3) 根据系统的功能原理，阻力做的功等于系统机械能的变化，即

$$W_{F_f}=\Delta E=-\Delta E_k=\frac{Gmm_E}{2R_1}-\frac{Gmm_E}{2R_2}$$

练习十

一、选择题

1. A　2. C　3. D　4. C　5. C

二、填空题

1. 1.2kg；　2. 0.8m/s，2.4×10^4J；　3. 速度、动量、动能、功；
4. 100m/s；　5. m_2/m_1，$\sqrt{m_1/m_2}$。

三、计算题

1. **解**　球在下摆过程中机械能守恒：$mgR=\frac{1}{2}mv^2$，解得球的速率 $v=\sqrt{2gR}$

碰撞前后动量守恒，设碰撞后 m 和 m_0 的速率分别为 v_1 和 v_2，所以 $mv=mv_1+m_0v_2$

弹性碰撞前后动能不变，有　$\frac{1}{2}mv^2=\frac{1}{2}mv_1^2+\frac{1}{2}m_0v_2^2$

联立解得　$v_1=\frac{m-m_0}{m+m_0}v=\frac{m-m_0}{m+m_0}\sqrt{2gR}$，$v_2=\frac{2mv}{m+m_0}=\frac{2m}{m+m_0}\sqrt{2gR}$

2. **解**　锤、桩撞击瞬间撞击力远远大于系统所受的外力（重力），可认为此时系统在垂直方向的动量守恒。由于锤撞击后静止，因此 $m_1v_0=(m_1+m_2)v$，其中 $v_0^2=2gh$。

撞击后桩受到地基的阻力作用，根据功能原理，$\int_0^x Rx\,\mathrm{d}x=\frac{1}{2}Rx^2=\frac{1}{2}(m_1+m_2)v^2+(m_1+m_2)gx$

即
$$Rx^2-2(m_1+m_2)gx-\frac{m_1^2}{m_1+m_2}v_0^2=0$$

解得落锤第一次将桩打进的深度　$x=\frac{(m_1+m_2)g+\sqrt{(m_1+m_2)^2g^2+2m_1^2ghR/(m_1+m_2)}}{R}$

3. **解**　(1) 由机械能守恒和动量守恒得　$\frac{1}{2}mv^2+\frac{1}{2}m'v'^2=mgh$　(1)　　$mv=m'v'$　(2)

联立式 (1) 和式 (2) 解得　$v'=\sqrt{\frac{2m^2gh}{m'(m'+m)}}$

(2) 由功能原理　$W=\frac{1}{2}mv^2-mgh$　(3)

以上各式联立解得　$W=-\frac{1}{2}m'v'^2=-\frac{m^2}{m+m'}gh$

4. **解**　粒子 A 和粒子 B 组成的系统在运动过程中只有万有引力做功，该系统机械能守恒，有
$$\frac{1}{2}m_Av_0^2=\frac{1}{2}m_Av^2-G\frac{m_Am_B}{d}\qquad(1)$$
A 在运动过程所受万有引力始终过 B 点，因此对 B 点，质点 A 的角动量守恒，有
$$m_Av_0D=m_Avd\qquad(2)$$
联立式 (1)、式 (2) 解得　$m_B=(D^2-d^2)\frac{v_0^2}{2Gd}$

5. **解**　如计算题 10-5 解答图所示，质点沿任意路径从位置 a 运动位置 b，因为 $\boldsymbol{F}$ 是变力，需要先计算在位移 $\mathrm{d}\boldsymbol{r}$ 中 $\boldsymbol{F}$ 对质点做的元功
$$\mathrm{d}W=\boldsymbol{F}\cdot\mathrm{d}\boldsymbol{r}=F|\mathrm{d}\boldsymbol{r}|\cos\theta=F\cos\theta\mathrm{d}s$$

计算题 10-5 解答图

又因为　$F\cos\theta=ma_t=m\frac{\mathrm{d}v}{\mathrm{d}t}$，所以　$\mathrm{d}W=m\frac{\mathrm{d}v}{\mathrm{d}t}\mathrm{d}s=mv\mathrm{d}v$

质点沿曲线从 a 到 b，力 $\boldsymbol{F}$ 对它做的功应为　$W=\int_{v_a}^{v_b}mv\mathrm{d}v=\frac{1}{2}mv_b^2-\frac{1}{2}mv_a^2$

意义：公式表明，外力对质点所做的功等于质点动能的增量。

练习十一

一、选择题

1. B　2. D　3. B　4. B　5. C

二、填空题

1. 理想模型，大小和形状，形变；　2. $0.15\mathrm{m/s^2}$，$0.4\pi\mathrm{m/s^2}$；

3. $0.25\mathrm{kg\cdot m^2}$；　4. $\frac{ml^2}{12}$，$\frac{ml^2}{3}$，$\frac{mr^2}{2}$，$\frac{3mr^2}{2}$。

三、计算题

1. **解**　(1) $\omega_1=10\mathrm{r/s}=20\pi\ \mathrm{rad/s}$，$\omega_2=15\mathrm{r/s}=30\pi\ \mathrm{rad/s}$

$\omega_2^2-\omega_1^2=2\alpha\theta$，得 $\alpha=\frac{\omega_2^2-\omega_1^2}{2\theta}=\frac{(30\pi)^2-(20\pi)^2}{2\times60\times2\pi}/\mathrm{s^2}=\frac{25}{12}\pi\ \mathrm{rad/s^2}$，因此 $t=\frac{\omega_1}{\alpha}=9.6\mathrm{s}$

(2) $\omega_1^2=2\alpha\theta$，$N=\frac{\theta}{2\pi}=\frac{\omega_1^2}{2\alpha}/2\pi=48$

2. **解**　(1) 由题意，转动角加速度　$\alpha=\frac{\omega_2-\omega_1}{t_1}=\frac{10\pi-40\pi}{5}\mathrm{rad/s^2}=-6\pi\ \mathrm{rad/s^2}$

根据　$2\alpha\Delta\theta={\omega_2}^2-{\omega_1}^2$，得　$\Delta\theta=\frac{{\omega_2}^2-{\omega_1}^2}{2\alpha}=125\pi\ \mathrm{rad}$，因此转过的圈数为　$n=\frac{\Delta\theta}{2\pi}=62.5$

(2) 由 $\omega_2=10\pi\ \mathrm{rad/s}$ 至停止转动所用时间　$t_2=\frac{0-\omega_2}{\alpha}=\frac{0-10\pi}{-6\pi}\mathrm{s}=1.67\mathrm{s}$

根据转动定律　$M=J\alpha=2.5\times(-6\pi)\ \mathrm{N\cdot m}=47.1\mathrm{N\cdot m}$

3. **解**　(1) 依题意 $M=-k\omega^2$，当 $\omega=\omega_0/3$ 时，$\alpha=-\frac{k\omega^2}{J}=-\frac{k\omega_0^2}{9J}$

(2) 根据转动定律　$M=J\alpha=J\frac{\mathrm{d}\omega}{\mathrm{d}t}=-k\omega^2$，得 $\frac{\mathrm{d}\omega}{\omega^2}=-k\mathrm{d}t$，

两边积分　$\int_{\omega_0}^{\omega_0/3}\frac{\mathrm{d}\omega}{\omega^2}=\int_0^t-\frac{k}{J}\mathrm{d}t$，　解得 $t=\frac{2J}{k\omega_0}$

4. **解**　根据转动定律，$M+M_r=J\alpha$，其中 $\alpha=\frac{\omega}{t}=1\ \mathrm{rad/s^2}$，

则　$M_r=M-J\alpha=(20-12\times1)\mathrm{N\cdot m}=8\mathrm{N\cdot m}$

5. **解**　方法一：如计算题 11-5 方法一图所示，把矩形薄板分成无限多个小质元，任取一个小质元，其面积为 $\mathrm{d}S$，设薄板的质量面密度为 σ，则小质元质量为　　$\mathrm{d}m=\sigma\,\mathrm{d}S=\sigma\,\mathrm{d}x\mathrm{d}y$

小质元 $\mathrm{d}m$ 对于中心轴的转动惯量　$\mathrm{d}J=r^2\mathrm{d}m=(x^2+y^2)\sigma\,\mathrm{d}x\mathrm{d}y$

整个矩形板的转动惯量

$$J=\int\mathrm{d}J=\int_{-\frac{a}{2}}^{\frac{a}{2}}\int_{-\frac{b}{2}}^{\frac{b}{2}}(x^2+y^2)\sigma\,\mathrm{d}x\mathrm{d}y=\frac{1}{12}\sigma ab(a^2+b^2)=\frac{1}{12}m(a^2+b^2)$$

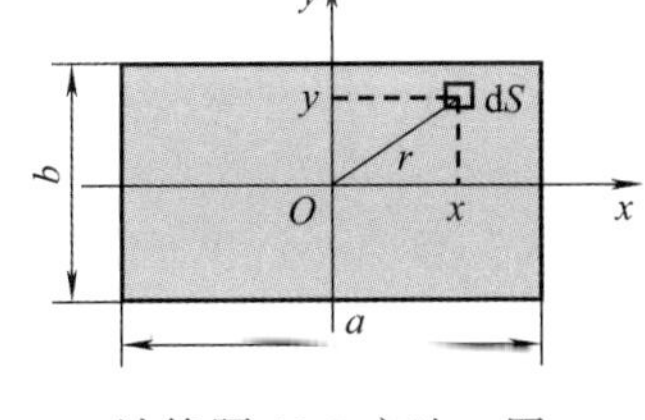

计算题 11-5 方法一图

方法二：设薄板质量面密度为 ρ，如计算题 11-5 方法二图所示，在 x 处取宽为 $\mathrm{d}x$、长为 b 的小质元，其质量 $\mathrm{d}m=\rho b\mathrm{d}x$，则其对过薄板中心且垂直板面的轴的转动惯量为

$$\mathrm{d}J=\frac{1}{12}\rho b\mathrm{d}x\cdot b^2+\rho b\mathrm{d}x\cdot x^2=\frac{\rho b^3\mathrm{d}x}{12}+\rho bx^2\mathrm{d}x$$

整个薄板对该轴的转动惯量为

$$J=\int\mathrm{d}J=\int_{-a/2}^{a/2}\left(\frac{\rho b^3}{12}+\rho bx^2\right)\mathrm{d}x=\frac{1}{12}\rho ab^3+\frac{1}{12}\rho a^3b=\frac{1}{12}m(a^2+b^2)$$

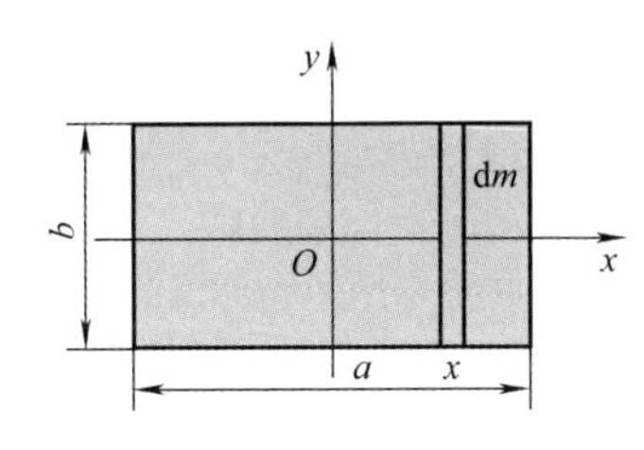

计算题 11-5 方法二图

练习十二

一、选择题

1. B　2. C　3. C　4. A

二、填空题

1. 15s；　2. $\dfrac{2(m_1-m_2)g}{(m_1+m_2)l}$；　3. $4F^2/m$；　4. $\dfrac{2m}{m_0}$。

三、计算题

1. **解**　隔离物体，分别对两个重物和滑轮进行受力分析。根据牛顿定律和刚体转动定律，有

$m_1g-F_{12}=m_1a_1$，　$F_{21}-m_2g=m_2a_2$，　$(F_{12}-F_{21})R=J\alpha$

由滑轮和重物之间的运动学关系，有　$a_1=a_2=a$，$a=R\alpha$

联立以上方程，可得

(1) m_1 的加速度：$a_1=\dfrac{(m_1-m_2)g}{m_1+m_2+J/R^2}$，方向向下

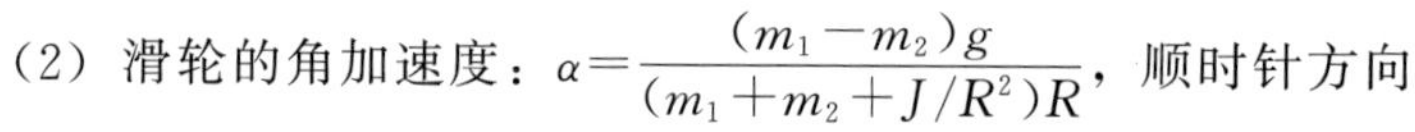

(2) 滑轮的角加速度：$\alpha=\dfrac{(m_1-m_2)g}{(m_1+m_2+J/R^2)R}$，顺时针方向

(3) $F_{12}=\dfrac{2m_1m_2+m_1J/R^2}{m_1+m_2+J/R^2}g$，$F_{21}=\dfrac{2m_1m_2+m_2J/R^2}{m_1+m_2+J/R^2}g$

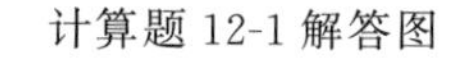

计算题 12-1 解答图

2. **解**　设绳中的张力为 $\boldsymbol{F}_{\mathrm{T}}$，物体 B 的加速度为 a，斜向下为正方向，则有

$mg\sin\theta-F_{\mathrm{T}}=ma$，$F_{\mathrm{T}}r=J\alpha$，其中 $a=r\alpha$

联立解得　$a=\dfrac{mr^2}{mr^2+J}g\sin\theta$；$F_{\mathrm{T}}=\dfrac{J}{mr^2+J}mg\sin\theta$

3. **解**　如计算题 12-3 解答图所示，以逆时针为转动正向。任一时刻圆盘两侧的绳长分别为 x_1、x_2，选长度为 x_1、x_2 的两段绳和绕着绳的盘为研究对象。设 a 为绳的加速度，β 为盘的角加速度，r 为盘的半径，ρ 为绳的线密度，且在 1、2 两点处绳中的张力分别为 F_1、F_2，$\rho=m/l$，则

$a=r\beta$　(1)，　$x_2\rho g-F_2=x_2\rho a$　(2)，　$F_1-x_1\rho g=x_1\rho a$　(3)，

$(F_2-F_1)r=\left(\dfrac{1}{2}m'+\pi r\rho\right)r^2\beta$　(4)

利用　$l=\pi r+x_1+x_2$，并取　$x_2-x_1=s$，

式 (1) ～式 (4) 联立解得　$a=\dfrac{smg}{(m+m'/2)l}$

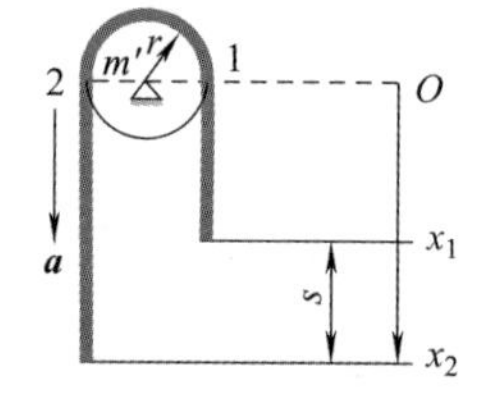

计算题 12-3 解答图

4. **解**　以开始时圆盘的转动方向为正方向。薄圆盘的面密度为 $\sigma=m/\pi R^2$，在距圆盘中心为 r 处选一宽为 $\mathrm{d}r$ 的圆环，则该圆环所受的摩擦力矩为　$\mathrm{d}M=-\mu\cdot 2\pi r\mathrm{d}r\sigma g\cdot r=-\dfrac{2\mu mg}{R^2}r^2\mathrm{d}r$

整个圆盘所受的合力矩为

$$M=\int\mathrm{d}M=\int_0^R-\frac{2\mu mg}{R^2}r^2\mathrm{d}r=-\frac{2}{3}\mu mgR$$

根据转动定律可得　$\alpha=\dfrac{M}{J}=\dfrac{-2\mu mgR/3}{mR^2/2}=-\dfrac{4}{3}\dfrac{\mu g}{R}$

因角加速度 α 是常量，故圆盘做匀加速转动，满足 $\omega^2-\omega_0^2=2\alpha\theta$，式中 $\omega=0$ 为末角速度，θ 为转角（弧度），所以　$\theta=-\dfrac{\omega_0^2}{2\alpha}=\dfrac{-\omega_0^2}{2\times\left(-\dfrac{4}{3}\dfrac{\mu g}{R}\right)}=\dfrac{3}{8}\dfrac{\omega_0^2R}{\mu g}$

设圆盘转过 n 圈后停止，则　$n=\dfrac{\theta}{2\pi}=\dfrac{3R\omega_0^2}{16\pi\mu g}$

练习十三

一、选择题

1. B　2. D　3. A　4. C　5. D

二、填空题

1. 定轴转动刚体所受外力对轴的冲量矩等于刚体对轴的角动量的增量，$\int_{t_1}^{t_2} M\mathrm{d}t = J\omega - J\omega_0$，刚体所受对轴的合外力矩等于零；

2. $J_0\omega_0$，$J_0\omega_0^2/2$，$3\omega_0$，$3J_0\omega_0^2/2$；

3. $J_A(\omega_A - \omega)/\omega$；　4. 绕木板转轴的角动量；　5. $\dfrac{mRv}{J}$，顺时针。

三、计算题

1. **解**　(1) 在完全非弹性碰撞时，质点射入杆内，与杆一起转动。在此过程中质点和杆系统的角动量守恒，设系统绕端点 O 转动的角速度为 ω，因此

$$mvL = J\omega = \left(\frac{1}{3}m_0L^2 + mL^2\right)\omega = (2mL^2 + mL^2)\omega = 3mL^2\omega, \quad \text{解出} \quad \omega = \frac{v}{3L}$$

(2) 在完全弹性碰撞时，碰撞前后系统关于端点 O 的角动量守恒，设碰撞后质点的水平速度为 v'，直杆绕端点 O 转动的角速度为 ω，因此有　$mvL = mv'L + J\omega = mv'L + \frac{1}{3}(6m)L^2\omega$

得到
$$v - v' = 2L\omega \tag{1}$$

碰撞前后系统的机械能守恒，因此有　$\frac{1}{2}mv^2 = \frac{1}{2}mv'^2 + \frac{1}{2}J\omega^2 = \frac{1}{2}mv'^2 + mL^2\omega^2$

由上式得到
$$v^2 - v'^2 = 2L^2\omega^2 \tag{2}$$

将式 (2) 和式 (1) 两边相除，得到
$$v + v' = L\omega \tag{3}$$

再由式 (3) 和式 (1) 解得　$\omega = \dfrac{2v}{3L}$

2. **解**　设碰撞后小球的速率为 v'，则由角动量守恒定律和机械能守恒定律，有

$$mvl = mv'l + \frac{1}{3}mL^2\omega \qquad \frac{1}{2}mv^2 = \frac{1}{2}mv'^2 + \frac{1}{2}\frac{1}{3}mL^2\omega^2$$

求得　$v' = \dfrac{3l^2 - L^2}{3l^2 + L^2}v$，　令 $v' = 0$，则 $3l^2 - L = 0$，　解得　$l = \sqrt{\dfrac{1}{3}}L$

3. **解**　(1) 子弹受到的冲量为 $I = \int F\mathrm{d}t = m(v - v_0) = 10 \times 10^{-3} \times (200 - 500)\mathrm{N \cdot s} = -3\mathrm{N \cdot s}$

子弹给予木板的冲量为　$I' = \int F'\mathrm{d}t = -I = 3\mathrm{N \cdot s}$，方向与 $\boldsymbol{v}_0$ 方向相同。

(2) 由角动量定理　$\int M\mathrm{d}t = \int F'l\,\mathrm{d}t = l\int F'\mathrm{d}t - J\omega$

$$\omega = \frac{l\int F'\mathrm{d}t}{\frac{1}{3}ML^2} = \frac{3lm(v_0 - v)}{ML^2} = 9\mathrm{rad/s}$$

4. **解**　设人相对于圆盘的速率为 v，圆盘转动的角速度为 ω。将人和转盘作为一个系统，在转动过程中沿转轴方向的外力矩为零，因此系统的角动量守恒，得到

$$L = \frac{1}{2}m_0R^2\omega - m(v - \omega R)R = 0 \quad \text{所以} \ \omega = \frac{2mv}{(m_0 + 2m)R}$$

设人沿圆盘的边缘走完一周回到原有位置时所需时间为 T，则圆盘转过的角度为

$$\Delta\theta = \int_0^T \omega\mathrm{d}t = \frac{2m\int_0^T v\mathrm{d}t}{(m_0 + 2m)R} = \frac{2m \times 2\pi R}{(m_0 + 2m)R} = \frac{4\pi m}{m_0 + 2m}$$

练习十四

一、选择题

1. B 2. B 3. C

二、填空题

1. 98N； 2. 2×10^4J，80N·m； 3. $\dfrac{m_B g}{m_A+m_B+m_C/2}$；

4. $\dfrac{g}{l}$，$\dfrac{g}{2l}$； 5. $\dfrac{3v}{4l}$； 6. $\dfrac{\omega_0}{4}$。

三、计算题

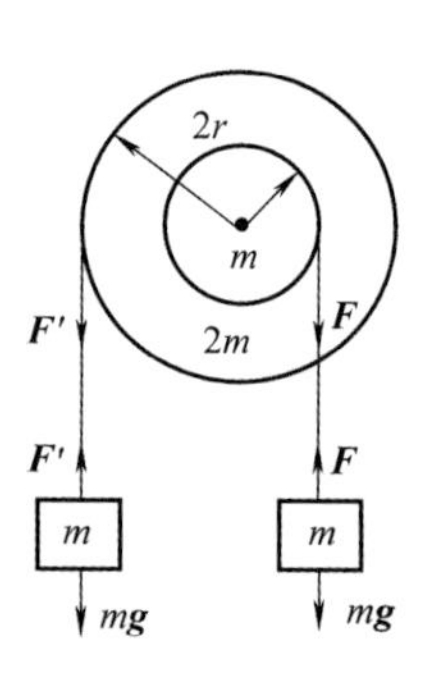

计算题 14-1 解答图

1. **解** 隔离物体，对重物和转盘进行如计算题 14-1 解答图所示受力分析。根据牛顿定律和刚体转动定律，有

$mg-F'=ma'$

$F-mg=ma$

$F'\cdot 2r-Tr=J\alpha=9mr^2\alpha/2$

由转盘和重物之间的运动学关系，有 $a'=2r\alpha$， $a=r\alpha$

联立以上方程，可得 $\alpha=\dfrac{2g}{19r}$

2. **解** 在碰撞前瞬时，杆对 O 点的角动量为

$$\int_0^{3L/2}\rho v_0 x\mathrm{d}x-\int_0^{L/2}\rho v_0 x\mathrm{d}x=\rho v_0 L^2=\frac{1}{2}mv_0 L$$

在碰撞后瞬时，杆对 O 点的角动量为

$$J\omega=\frac{1}{3}\left[\frac{3}{4}m\left(\frac{3}{2}L\right)^2+\frac{1}{4}m\left(\frac{1}{2}L\right)^2\right]\omega=\frac{7}{12}mL^2\omega$$

因碰撞前后角动量守恒，所以有

$$\frac{7}{12}mL^2\omega=\frac{1}{2}mv_0 L \quad \text{解得} \quad \omega=\frac{6v_0}{7L}$$

3. **解** 在 m_2 由静止下落 h 距离的过程中机械能守恒，因此有

$$m_2 gh=\frac{1}{2}(m_1+m_2)v^2+\frac{1}{2}J\omega^2+\frac{1}{2}kh^2+m_1 gh\sin\theta$$

式中，$\omega=\dfrac{v}{r}$，解得 m_2 由静止下落 h 距离时的速率为

$$v=\sqrt{\frac{2(m_2-m_1\sin\theta)gh-kh^2}{m_1+m_2+J/r^2}}$$

当 m_2 下降到最低时，m_1、m_2 速率为零，代入上式，得到 m_2 下降的最大距离为

$$h_{\max}=\frac{2}{k}(m_2-m_1\sin\theta)g$$

练习十五

一、选择题

1.C　2.C　3.B　4.A　5.D

二、填空题

1. $pV=\frac{m}{M_{\text{mol}}}RT$，$p=nkT$，玻耳兹曼；

2. 相同，不同，相同，不同，相同；

3. (1)分子体积忽略不计，(2)分子间的碰撞是完全弹性的，(3)只有在碰撞时分子间才有作用；

4. 2.69×10^{25}；　5. 2.33×10^{3} Pa；　6. 0。

三、计算题

1. **解**　(1) 根据 $p=nkT$，$n=\frac{p}{kT}=\frac{1.013\times10^{5}}{1.38\times10^{-23}\times(273+27)}/\text{m}^3=2.44\times10^{25}/\text{m}^3$

(2) 根据 $PV=\frac{m_0}{M}RT$，$\rho=\frac{m_0}{V}=\frac{pM}{RT}=\frac{1.103\times10^{5}\times32.0\times10^{-3}}{8.31\times(273+27)}\text{kg/m}^3=1.30\ \text{kg/m}^3$

(3) 根据 $M=N_Am$，$m=\frac{M}{N_A}=\frac{32.0\times10^{-3}}{6.02\times10^{23}}\text{kg}=5.32\times10^{-26}\text{kg}$

2. **解**　已知 $T_1=(273+27)\ \text{K}=300\text{K}$，$T_1=(273+177)\ \text{K}=450\text{K}$，$V_2=V_1/2$

由理想气体物态方程　$\frac{p_1V_1}{T_1}=\frac{p_2V_2}{T_2}$

得到　$p_2=\frac{V_1T_2}{V_2T_1}p_1=\frac{2\times450}{300}p_1=3p_1$

即气体压强是原来的 3 倍。

3. **解**　(1) 每个分子作用于器壁的冲量

$$I=\Delta p=2mv=2\times3\times10^{-27}\times200\text{kg}\cdot\text{m/s}=1.2\times10^{-24}\text{kg}\cdot\text{m/s}$$

(2) 假设器壁的面积为 A，依题意，单位时间碰在单位面积器壁上的分子数为

$$n_0=\frac{1}{6}\frac{vAn}{A}=\frac{1}{6}vn=\frac{1}{6}\times200\times10^{26}\text{m}^{-2}\cdot\text{s}^{-1}=0.33\times10^{28}\text{m}^{-2}\cdot\text{s}^{-1}$$

(3) 作用在器壁上的压强 $p=n_0I=0.33\times10^{28}\times1.2\times10^{24}\text{Pa}=4000\text{Pa}$

四、简答题

1. 根据公式 $p=\frac{1}{3}mn\overline{v^2}$可知，当温度升高时，由于$\overline{v^2}$增大，气体分子热运动比原来激烈，因而分子对器壁的碰撞次数增加，而且每次作用于器壁的冲量也增加，故压强有增大的趋势。

若同时增大容器的体积，则气体分子数密度 n 变小，分子对器壁的碰撞次数就减小，故压强有减小的趋势。

因此，在温度升高的同时，适当增大体积，就有可能保持压强不变。

练习十六

一、选择题

1. B　2. C　3. B　4. A　5. B

二、填空题

1. $\frac{3}{2}kT$，气体分子平均平动动能；　2. 1∶4∶16；　3. $\frac{3}{2}kT$，$\frac{5}{2}kT$，$\frac{5}{2}\frac{m}{M_{mol}}RT$；

4. 6.23×10^{3}，6.21×10^{-21}，4.14×10^{-21}，1.035×10^{-20}；　5. 5∶6；　6. 10J。

三、计算题

1. **解**　(1) 由 $p=nkT=\frac{N}{V}kT$ 和 $U=N\frac{i}{2}kT$ 得到 $p=\frac{2U}{iV}=\frac{2\times675}{5\times2\times10^{-3}}\text{Pa}=1.35\times10^{5}\ \text{Pa}$

(2) 分子的平均平动动能为$\bar{\varepsilon}_t=\frac{3}{2}kT$，利用$U=N\frac{i}{2}kT$，得到

$$\bar{\varepsilon}_t=\frac{3U}{iN}=\frac{3\times675}{5\times5.4\times10^{22}}\text{J}=7.5\times10^{-21}\ \text{J}$$

根据$U=N\frac{i}{2}kT$，得到气体的温度 $T=\frac{2U}{iNk}=\frac{2\times675}{5\times5.4\times10^{22}\times1.38\times10^{-23}}\text{K}=362.3\ \text{K}$

2. **解**　(1) 假设容器中气体的质量为m，以速度v定向运动的动能为$E_k=\frac{1}{2}mv^2$，容器突然停止后动能全部转化为内能，内能增量为$\Delta E=\frac{5}{2}\nu R\Delta T=\frac{5}{2}\frac{m}{M}R\Delta T$，因此有

$\frac{1}{2}mv^2=\frac{5}{2}\frac{m}{M}RT$，解得 $v=\sqrt{\frac{5RT}{M}}=\sqrt{\frac{5\times8.31\times0.7}{2\times10^{-3}}}\text{m/s}=120.6\text{m/s}$

(2) 气体分子的平均动能增量　$\Delta\varepsilon=\frac{5}{2}k\Delta T=\frac{5}{2}\times1.38\times10^{-23}\times0.7\text{J}=2.42\times10^{-23}\ \text{J}$

3. **解**　设气体的分子总数为N，根据$\frac{1}{2}m\overline{v^2}=\frac{3}{2}kT$，得到室内空气分子热运动的平均平动动能的总和为　$N\frac{1}{2}m\overline{v^2}=\frac{3}{2}NkT$

$$N\frac{1}{2}m\overline{v^2}=\frac{3}{2}\frac{m}{M}N_AkT=\frac{3}{2}\frac{m}{M}RT=\frac{3}{2}\frac{\rho V}{M}RT=7.31\times10^{6}\text{J}$$

根据内能公式$U=\frac{m}{M}\frac{i}{2}RT$，得气体的内能变化

$$\Delta U=\frac{m}{M}\frac{i}{2}R\Delta T=\frac{\rho V}{M}\frac{i}{2}R\Delta T=\frac{1.29\times5\times3\times3}{29\times10^{-3}}\times\frac{5}{2}\times8.31\times1.0\text{J}=4.16\times10^{4}\text{J}$$

四、证明题

1. **证明**　设每一个分子的自由度为i，则其平均动能为$\frac{ikT}{2}$，理想气体的内能即为气体分子的平均动能的总和，所以 1mol 气体的内能为　$U_{mol}=\frac{1}{2}N_AikT=\frac{1}{2}iRT$。

质量为m的理想气体有$\frac{m}{M_{mol}}$ (mol)，故其内能为　$U=\frac{MiRT}{2M_{mol}}$。

练习十七

一、选择题

1. D　2. B　3. D　4. A　5. C　6. C

二、填空题

1. $f(v)\,\mathrm{d}v$，$\int_0^{v_p} f(v)\,\mathrm{d}v$，$\int_0^{\infty} f(v)\mathrm{d}v = 1$；

2. 1，速率在 $0 \sim v_0$ 区间内的分子数；

3. 1000m/s，1414m/s；

4. 1∶4；　5. 2。

三、计算题

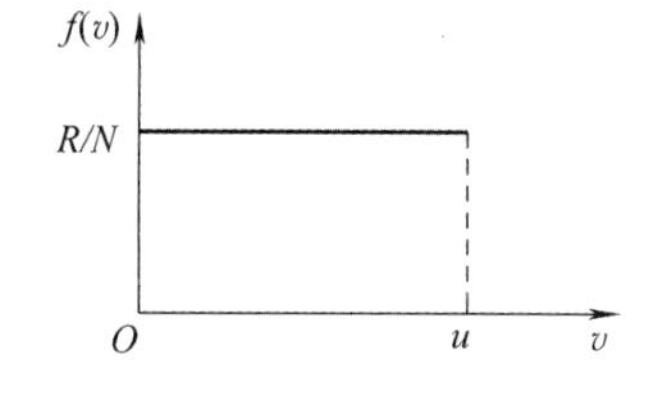

计算题 17-1 解答图

1. **解**　(1) 我们将分布函数 $\mathrm{d}N = R\mathrm{d}v$ 写成如下一般形式

$f(v) = \dfrac{\mathrm{d}N}{N\mathrm{d}v} = \dfrac{R}{N} =$ 常数　　其分布函数如计算题 17-1 解答图所示。

(2) 对 $\mathrm{d}N = R\mathrm{d}v$ 积分，$\int_0^N \mathrm{d}N_v = \int_0^u R\mathrm{d}v$

得　$N = RV$　即　$R = \dfrac{N}{u}$

(3) 平均速率　$\bar{v} = \dfrac{\int_0^N v \cdot \mathrm{d}N}{N} = \dfrac{\int_0^u v \cdot R\mathrm{d}v}{N} = \dfrac{u}{2}$

$$\overline{v^2} = \frac{\int_0^N v^2 \cdot \mathrm{d}N}{N} = \frac{\int_0^u v^2 \cdot R\mathrm{d}v}{N} = \frac{u^2}{3},\ \sqrt{\overline{v^2}} = \frac{\sqrt{3}u}{3}$$

2. **解**　根据方均根速率公式 $v_{\mathrm{rms}} = \sqrt{\dfrac{3RT}{M}}$，代入数据即得氨基酸分子在 37℃的活细胞内的方均根速率为　$v_{\mathrm{rms}} = \sqrt{\dfrac{3 \times 8.31 \times (273+37)}{0.089}}\mathrm{m/s} = 294.7\mathrm{m/s}$

蛋白质分子在 37℃的活细胞内的方均根速率为　$v_{\mathrm{rms}} = \sqrt{\dfrac{3 \times 8.31 \times (273+37)}{50}}\mathrm{m/s} = 12.4\mathrm{m/s}$

3. **解**　根据 $\bar{\lambda} = \dfrac{1}{\sqrt{2}\pi d^2 n}$ 即 $n = \dfrac{1}{\sqrt{2}\pi d^2 \bar{\lambda}}$ 和 $p = nkT$ 有

$$p = \frac{kT}{\sqrt{2}\pi d^2 \bar{\lambda}}$$

则
$$\frac{p}{p_0} = \frac{\dfrac{1}{\bar{\lambda}}}{\dfrac{1}{\bar{\lambda}_0}} = \frac{\overline{\lambda_0}}{\bar{\lambda}}$$

即
$$p = \frac{p_0\,\overline{\lambda_0}}{\bar{\lambda}} = \frac{1 \times 6 \times 10^{-8}}{1 \times 10^{-2}}\mathrm{atm} = 6 \times 10^{-6}\mathrm{atm} = 0.61\mathrm{Pa}$$

练习十八

一、选择题

1.B　2.D　3.D　4.C　5.B

二、填空题

1. 准静态，非准静态，准静态；　2. $\frac{3}{2}p_1V_1$，0；　3. -5J；　4. 3J；　5. -700J。

三、计算题

1. **解**　(1) $\Delta U=\frac{i}{2}\nu R\Delta T=\frac{3}{2}\times10\times8.31\times1\text{J}=124.7\text{J}$

(2) $Q=\Delta U+W=(124.7-209)\text{J}=-84.3\text{J}$

2. **解**　(1) 根据热力学第一定律，系统由状态 a 沿 acb 到达状态 b 过程中

$$Q_{acb}=(U_b-U_a)+W_{acb}$$

得　$U_b-U_a=Q_{acb}-W_{acb}=(350-130)\text{J}=220\text{J}$

系统由状态 a 沿 acb 到达状态 b 过程中

$$Q_{adb}=(U_b-U_a)+W_{adb}=(220+40)\text{J}=260\text{J}$$

(2) 系统由状态 b 沿曲线 ba 返回状态 a 过程中

$$Q_{ba}=(U_a-U_b)+W_{ba}=(-220-60)\text{J}=-280\text{J}$$

3. **解**　(1) $\Delta U=C_{V,\text{m}}(T_2-T_1)=\frac{5}{2}(p_2V_2-p_1V_1)$

(2) $W=\frac{1}{2}(p_1+p_2)(V_2-V_1)$

根据相似三角形有 $p_1V_2=p_2V_1$

则　$W=\frac{1}{2}(p_2V_2-p_1V_1)$

(3) $Q=\Delta U+W=3(p_2V_2-p_1V_1)$

4. **解**　等温过程氧气所做的功 $W_T=\nu RT\ln\frac{V_2}{V_1}=\nu RT\ln\frac{p_1}{p_2}$，再利用物态方程 $p_1V_1=\nu RT$，得到

$$W_T=\nu RT\ln\frac{p_1}{p_2}=p_1V_1\ln\frac{p_1}{p_2}=2.026\times10^5\times4.92\times10^{-3}\times\ln2\ \text{J}=690.8\text{J}$$

等温过程系统的内能不发生变化，即 $\Delta U=0$，根据热力学第一定律，等温过程中系统吸收的热量等于系统对外做的功，即

$$Q_T=690.8\text{J}$$

练习十九

一、选择题

1.C　2.D　3.D　4.A

二、填空题

1. 等压，等体，等温；　2. 500J，700J；　3. 166J；

4. V_2，$\left(\frac{V_1}{V_2}\right)^{\gamma-1}T_1$，$\left(\frac{RT_1}{V_2}\right)\left(\frac{V_1}{V_2}\right)^{\gamma-1}$；　5. $p_0/2$，T_0。

三、计算题

1. **解**　(1) 视气体为理想气体，等温压缩过程，内能不变，即 $U_3-U_1=0$，因此

$$Q=W=\nu RT\ln\left(\frac{V_2}{V_1}\right)=p_1V_1\ln\left(\frac{V_2}{V_1}\right)=1.013\times10^5\times100\times10^{-6}\times\ln\left(\frac{20}{100}\right)\text{J}=-16.3\text{J}$$

负号表明外界向气体做正功而系统向外界放热。

(2) 对于过程Ⅰ→Ⅱ→Ⅲ，由于Ⅰ、Ⅲ的温度相同，故Ⅰ、Ⅲ两态内能相等，即 $U_3-U_1=0$。同样地，系统吸收的热量和系统对外界所做的功相等。

因Ⅱ→Ⅲ是等体过程，系统不做功，因此第二个过程中外界对系统所做的功即为Ⅰ→Ⅱ等压过程中系统对外界所做的功

$$W=p(V_2-V_1)=1.013\times10^5\times(20-100)\times10^{-6}\text{J}=-8.1\text{J}$$

第二个过程中系统吸收的热量　$Q=W=-8.1\text{J}$

2. **解**　(1) 系统吸热为两个过程的吸热之和，而绝热过程无热量交换，故总热量即为等压膨胀过程中吸收的热量：

$$Q=\nu C_{p,\text{m}}(T_2-T_1)=\nu C_{p,\text{m}}\left(\frac{V_2}{V_1}T_1-T_1\right)=2.0\times\frac{5}{2}\times8.31\times\left(\frac{40}{20}-1\right)(273+27)\text{J}=12465\text{J}$$

(2) 氦的最后温度与起始温度相同，作为理想气体，内能不变。

(3) 因内能不变，系统吸收的热量全部用来对外做功，氦所做的总功　$W=Q=12465\text{J}$

3. **解**　由绝热方程　$V_1^{\gamma-1}T_1=V_2^{\gamma-1}T_2$，得 $\frac{T_2}{T_1}=\left(\frac{V_2}{V_1}\right)^{\gamma-1}=2^{\gamma-1}$

由平均速率公式　$\bar{v}=\sqrt{\frac{8kT}{\pi m}}$，得 $\frac{\bar{v}_2}{\bar{v}_1}=\sqrt{\frac{T_2}{T_1}}=2^{\frac{\gamma-1}{2}}$

(1) 单原子理想气体的绝热指数　$\gamma=\frac{C_{p,\text{m}}}{C_{V,\text{m}}}=\frac{5}{2}$，$\frac{\bar{v}_2}{\bar{v}_1}=\sqrt{\frac{T_2}{T_1}}=2^{\frac{\gamma-1}{2}}=\sqrt[3]{2}\approx1.26$

(2) 双原子理想气体的绝热指数　$\gamma=\frac{C_{p,\text{m}}}{C_{V,\text{m}}}=\frac{7}{2}$，$\frac{\bar{v}_2}{\bar{v}_1}=\sqrt{\frac{T_2}{T_1}}=2^{\frac{\gamma-1}{2}}=\sqrt[5]{2}\approx1.15$

练习二十

一、选择题

1. A　2. A　3. D　4. C

二、填空题

1. 点，曲线，闭合曲线；　2. S_1+S_2，$-S_1$；　3. 9×10^5 J；　4. 500K，100K；

5. $\frac{T_2}{T_1-T_2}=\frac{4}{3}$，$\frac{Q_2}{\omega}=\frac{400}{4/3}\text{J}=300\text{J}$。

三、计算题

1. **解**　由图可知 $p_A=300\text{Pa}$，$p_B=p_C=100\text{Pa}$，$V_A=V_C=1\text{m}^3$，$V_B=3\text{m}^3$，

（1）$C\to A$ 为等体过程，$T_C=\frac{p_C}{p_A}T_A=100\text{K}$

$B\to C$ 为等压过程，$T_B=\frac{V_B}{V_C}T_C=300\text{K}$

（2）各过程中气体对外所做的功为

$A\to B$，$W_1=\frac{1}{2}(p_A+p_B)(V_B-V_C)=400\text{J}$

$B\to C$，$W_2=p_B(V_C-V_B)=-200\text{J}$

$C\to A$，$W_3=0$

（3）整个循环过程气体对外界所做的总功为 $W=W_1+W_2+W_3=200\text{J}$，内能增量为 $\Delta U=0$，根据热力学第一定律，气体从外界吸收的总热量 $Q=W+\Delta U=200\text{J}$

2. **解**　（1）$W_{ABCDEA}=W_{ABE}+W_{ECD}=(-30+70)\text{J}=40\text{J}$

（2）$Q_{ABCDEA}=Q_{AB}+Q_{BEC}+Q_{CD}+Q_{DEA}=Q_{BEC}+Q_{DEA}$

根据热力学第一定律，$Q_{ABCDEA}=W_{ABCDEA}=40\text{J}$

所以，$Q_{BEC}=Q_{ABCDEA}-Q_{DEA}=40\text{J}-(-100\text{J})=140\text{J}$

3. **解**　（1）$Q_1=RT_1\ln\frac{V_2}{V_1}=5.35\times10^3\text{J}$

（2）$\eta=1-\frac{T_2}{T_1}=0.25$，$W=\eta Q_1=1.34\times10^3\text{J}$

（3）$Q_2=Q_1-W=5.35\times10^3\text{J}-1.34\times10^3\text{J}=4.01\times10^3\text{J}$

4. **解**　（1）$a\to b$ 是等温膨胀过程，由题意，气体吸热　$Q_{ab}=Q_1=3.09\times10^3\text{J}$

$b\to c$ 是等体降压过程，温度降低，内能减少，根据热力学第一定律，$b\to c$ 过程放热。

$$Q_{bc}=\nu C_{V,\text{m}}(T_c-T_b)=\nu C_{V,\text{m}}(T_c-T_a)=\frac{3}{2}\times1\times8.31\times(300-500)\text{J}=-2493\text{J}$$

$c\to a$ 是绝热过程，因此此过程既不吸热也不放热。

循环效率　$\eta=1-\frac{Q_2}{Q_1}=1-\frac{|Q_{bc}|}{Q_1}=1-\frac{2493}{3090}=19.3\%$

（2）根据热力学第一定律，循环过程气体吸收的净热量转化为对外做的净功 W，因此在一个循环过程中，气体对外所做的功　$W=Q_1-Q_2=(3090-2493)\text{J}=597\text{J}$。

练习二十一

一、选择题

1. C　2. D　3. E　4. C　5. D　6. A

二、填空题

1. 热力学概率增大，不可逆的；
2. 热传导，功变热；
3. 从单一热源吸热并在循环中不断对外做功的热机，热力学第二定律；
4. 分子热运动无序性（或混乱性）。

三、计算与证明题

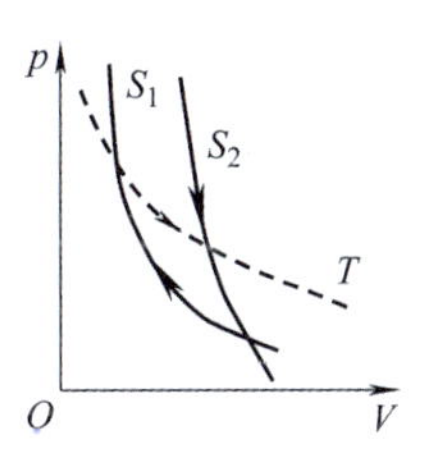

计算题 21-1 解答图

1. **证明**　假设 p-V 图上某一定量物质的两条绝热线 S_1 和 S_2 可能相交，若引入等温线 T 与两条绝热线构成一个正循环，如计算与证明题 21-1 解答图所示，则此循环只有一个热源能做功（图中循环曲线所包围的面积），这违反热力学第二定律的开尔文表述。因此，这两条绝热线不可能相交。

2. **解**

宏观态标记	n_1	n_2	热力学概率	宏观态出现的概率	玻尔兹曼熵/(10^{-23}J/K)
Ⅰ	0	6	1	1/64	0
Ⅱ	1	5	6	6/64	2.47
Ⅲ	2	4	15	15/64	3.74
Ⅳ	3	3	20	20/64	4.13
Ⅴ	4	2	15	15/64	3.74
Ⅵ	5	1	6	6/64	2.47
Ⅶ	6	0	1	1/64	0

3. **解**　(1) $S=k\left[-\dfrac{2\left(n-\dfrac{N}{2}\right)^2}{N}+\ln\sqrt{\dfrac{2}{\pi N}}\right]$

(2) $\Delta S=k\left[-\dfrac{2\left(0.5N-\dfrac{N}{2}\right)^2}{N}+\ln\sqrt{\dfrac{2}{\pi N}}\right]-k\left[-\dfrac{2\left(0-\dfrac{N}{2}\right)^2}{N}+\ln\sqrt{\dfrac{2}{\pi N}}\right]$

$=k\left[-\dfrac{2\left(0-\dfrac{N}{2}\right)^2}{N}\right]=k\dfrac{N}{2}$

(3) $\Delta S=k\dfrac{N}{2}=1.38\times10^{-23}\times\dfrac{6\times10^{23}}{2}\text{J/K}=4.14\text{J/K}$

练习二十二

一、选择题

1. D　2. D　3. A

二、填空题

1. 可逆，不可逆；　2. $-pV\ln2$，$-\frac{pV}{T}\ln2$，0，$R\ln2$；　3. 2，$C_{p,\mathrm{m}}\ln2$；

4. 1∶2，5∶3，5∶7；　5. p_2∶p_1。

三、计算题

1. **解**　设人体温度为 $T_1=309\mathrm{K}$（36℃），已知环境温度为 $T_2=273\mathrm{K}$。人一天产生的熵即为人体和环境的熵增量之和，即 $\Delta S=\Delta S_1+\Delta S_2=\frac{-Q}{T_1}+\frac{Q}{T_2}=\left(\frac{-1}{309}+\frac{1}{273}\right)\times8\times10^6\mathrm{J/K}=3.4\times10^3\mathrm{J/K}$

2. **解**　本题是计算不同温度液体混合后的熵变，系统为孤立系统，混合是不可逆的等压过程。为计算熵变，可假设一可逆等压混合过程。设平衡时水温为 T，由能量守恒定律得

$$0.30\times c_p(363\mathrm{K}-T)=0.70\times c_p(T-293\mathrm{K})$$

解得 $T=314\mathrm{K}$。各部分热水的熵变为

$$\Delta S_1=\int\frac{\mathrm{d}Q}{T}=m_1c_p\int_{363}^{314}\frac{\mathrm{d}T}{T}=m_1c_p\ln\frac{314}{363}=0.3\times4.18\times10^3\times\ln\frac{314}{363}\ \mathrm{J\cdot K^{-1}}=-182\mathrm{J\cdot K^{-1}}$$

$$\Delta S_2=\int\frac{\mathrm{d}Q}{T}=m_2c_p\int_{293}^{314}\frac{\mathrm{d}T}{T}=m_2c_p\ln\frac{314}{293}=0.7\times4.18\times10^3\times\ln\frac{314}{293}\ \mathrm{J\cdot K^{-1}}=203\mathrm{J\cdot K^{-1}}$$

$$\Delta S=\Delta S_1+\Delta S_2=21\mathrm{J\cdot K^{-1}}$$

3. **解**　内能和熵都是状态量，与过程无关。

（1）根据热力学第一定律，理想气体自由膨胀前后内能不变，因此始末态 $\Delta U=0$。

（2）理想气体内能仅取决于温度，始末态内能不变，则温度不变，因此可通过假设始末态之间存在一准静态等温过程来计算熵的变化，有　$\Delta S=S_2-S_1=\frac{Q}{T}=\frac{1}{T}\left(\nu RT\ln\frac{V_2}{V_1}\right)=R\ln\frac{2V_1}{V_1}=R\ln2$。

4. **解**　（1）等温过程 $A\to B$，$\Delta U_{AB}=0$，$Q_{AB}=\Delta U_{AB}+W_{AB}=500.4\mathrm{J}$，$\Delta S_{AB}=\frac{Q_{AB}}{T}=1.251\mathrm{J\cdot K^{-1}}$

（2）等体过程 $B\to C$，$W_{BC}=0$，$Q_{BC}=\Delta U_{BC}+W_{BC}=-200\mathrm{J}$，根据 $Q_{BC}=C_{V,\mathrm{m}}(T_C-T_B)$，得 $T_C=\frac{Q_{BC}}{C_{V,\mathrm{m}}}+T_B=390\mathrm{K}$，$\Delta S_{BC}=\int_B^C\frac{\mathrm{d}Q}{T}=C_{V,\mathrm{m}}\ln\frac{T_C}{T_B}=2.5\times8.31\times\ln\frac{390}{400}\mathrm{J\cdot K^{-1}}=-0.526\mathrm{J\cdot K^{-1}}$

（3）等压过程 $C\to D$，$W_{CD}=p(V_D-V_C)=\nu R(T_D-T_C)$，而 $\Delta U_{CD}=\nu C_{V,\mathrm{m}}(T_D-T_C)=\frac{5}{2}R(T_D-T_C)$，解得　$W_{CD}=\frac{2}{5}\Delta U=-80\mathrm{J}$，$Q_{CD}=\Delta U_{CD}+W_{CD}=-280\mathrm{J}$，$T_D=\frac{Q_{CD}}{C_{p,\mathrm{m}}}+T_C=380.4\mathrm{K}$

$$\Delta S_{CD}=\int_C^D\frac{\mathrm{d}Q}{T}=C_{p,\mathrm{m}}\ln\frac{T_D}{T_C}=3.5\times8.31\times\ln\frac{380.4}{390}=-0.725\mathrm{J\cdot K^{-1}}$$

（4）绝热过程 $D\to A$，$Q_{DA}=0$，由 $\Delta U_{ABCDA}=\Delta U_{AB}+\Delta U_{BC}+\Delta U_{CD}+\Delta U_{DA}=0$，得 $\Delta U_{DA}=-(\Delta U_{AB}+\Delta U_{BC}+\Delta U_{CD})=400\mathrm{J}$，由 $W_{DA}+\Delta U_{DA}=Q_{DA}=0$，得 $W_{DA}=-\Delta U_{DA}=-400\mathrm{J}$，$\Delta S_{DA}=\int_D^A\frac{\mathrm{d}Q}{T}=0$

（5）循环过程 $ABCDA$，$Q_1=|Q_{AB}|=500.4\mathrm{J}$，$Q_2=|Q_{BC}|+|Q_{CD}|=480\mathrm{J}$，$\eta=1-\frac{Q_2}{Q_1}=4.1\%$

$$\Delta S_{ABCDA}=\oint\frac{\mathrm{d}Q}{T}=0\text{，或 }\Delta S_{ABCDA}=\Delta S_{AB}+\Delta S_{BC}+\Delta S_{CD}+\Delta S_{DA}=0$$

练习二十三

一、选择题

1. C　2. C　3. C　4. B　5. B

二、填空题

1. $d \gg a$；　2. $Q=-2\sqrt{2}q$；　3. $-\dfrac{\sqrt{2}-1}{\sqrt{2}+1}a=-(3-2\sqrt{2})a$；　4. 单位正试验电荷置于该点时所受到的电场力；　5. 4N/C，向上；　6. $\sum\limits_i \dfrac{1}{4\pi\varepsilon_0}\dfrac{q_i}{r_i^3}\boldsymbol{r}_i$。

三、计算题

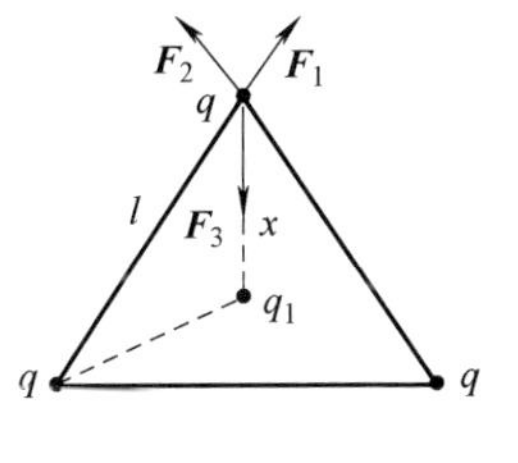

计算题 23-1 解答图

1. **解**　如计算题 23-1 解答图所示，由对称性，只需求顶点处 q 受合力为零即可

$$F_1\cos30^\circ+F_2\cos30^\circ=F_3$$

$$F_1=F_2=\frac{1}{4\pi\varepsilon_0}\frac{q^2}{r^2},\qquad F_3=\frac{1}{4\pi\varepsilon_0}\frac{q|q_1|}{x^2}$$

$2x\cos30^\circ=l$　解得 $|q_1|=\dfrac{\sqrt{3}}{3}q$

2. **解**　点电荷 $+q$ 在 P 处产生的电场强度大小为 $E_1=\dfrac{q}{4\pi\varepsilon_0(x-a)^2}$，方向沿 x 轴正向；

点电荷 $-q$ 在 P 处产生的电场强度大小为 $E_2=\dfrac{q}{4\pi\varepsilon_0(x+a)^2}$，方向沿 x 轴负向；

P 处的合电场强度为 $E=E_1-E_2=\dfrac{q}{4\pi\varepsilon_0(x-a)^2}-\dfrac{q}{4\pi\varepsilon_0(x+a)^2}=\dfrac{qxa}{\pi\varepsilon_0(x^2-a^2)^2}\approx\dfrac{qa}{\pi\varepsilon_0 x^3}$

3. **解**　建立如计算题 23-3 解答图所示直角坐标系，电荷 q_1、q_2、q_3、q_4 产生的电场强度的大小分别为 E_1、E_2、E_3、E_4，方向如图所示。其中

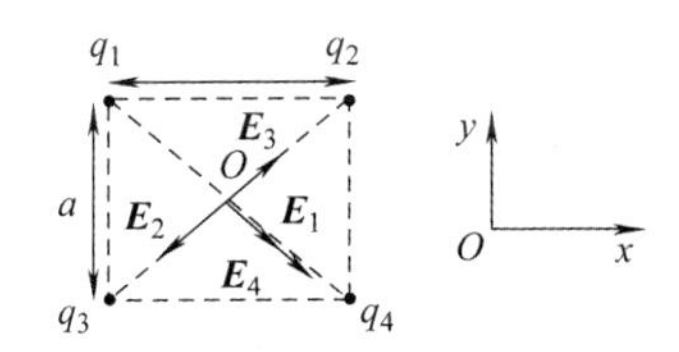

计算题 23-3 解答图

$$E_1=\frac{q}{4\pi\varepsilon_0(\sqrt{2}a/2)^2}=\frac{q}{2\pi\varepsilon_0 a^2}$$

同理　$E_2=\dfrac{2q}{2\pi\varepsilon_0 a^2}$，$E_3=\dfrac{q}{2\pi\varepsilon_0 a^2}$，$E_4=\dfrac{3q}{2\pi\varepsilon_0 a^2}$

$$E_{Ox}=(E_1-E_2+E_3+E_4)\cos45^\circ=\frac{3\sqrt{2}q}{4\pi\varepsilon_0 a^2}$$

$$E_{Oy}=(-E_1-E_2+E_3-E_4)\sin45^\circ=-\frac{5\sqrt{2}q}{4\pi\varepsilon_0 a^2}$$

O 点处电场强度大小为 $E_O=\sqrt{E_{Ox}^2+E_{Oy}^2}=\dfrac{\sqrt{17}q}{2\pi\varepsilon_0 a^2}$，与 x 轴正向夹角为 $\theta=\arctan\dfrac{E_{Oy}}{E_{Ox}}=-59^\circ$

练习二十四

一、选择题

1. C　2. C　3. C　4. B

二、填空题

1. $\dfrac{Q}{3\pi\varepsilon_0 a^2}$；　2. 0；　3. $\dfrac{\lambda_1 d}{\lambda_1+\lambda_2}$；　4. $\dfrac{\lambda}{2\pi\varepsilon_0 R}$；

5. $\dfrac{\dfrac{q}{(2\pi R-d)}d}{4\pi\varepsilon_o R^2}\approx\dfrac{qd}{8\pi^2\varepsilon_0 R^3}$，电场强度方向为从 O 点指向缺口中心点。

三、计算题

1. **解**　建立如计算题 24-1 解答图所示的坐标系，在导线上取电荷元 λdx。电荷元 λdx 在 P 点所激发的电场强度方向如图所示，电场强度大小为

$$dE_P=\frac{1}{4\pi\varepsilon_0}\frac{\lambda dx}{(L+d-x)^2}$$

计算题 24-1 解答图

导线上电荷在 P 点所激发的总电场强度方向沿 x 轴正方向，大小为

$$E_P=\int dE_P=\int_0^L\frac{1}{4\pi\varepsilon_0}\frac{\lambda dx}{(L+d-x)^2}=\frac{\lambda}{4\pi\varepsilon_0}\left(\frac{1}{d}-\frac{1}{d+L}\right)$$
$$=9\times10^9\times5\times10^{-9}\left(\frac{1}{0.05}-\frac{1}{0.20}\right)\text{V/m}\approx675\ \text{V/m}$$

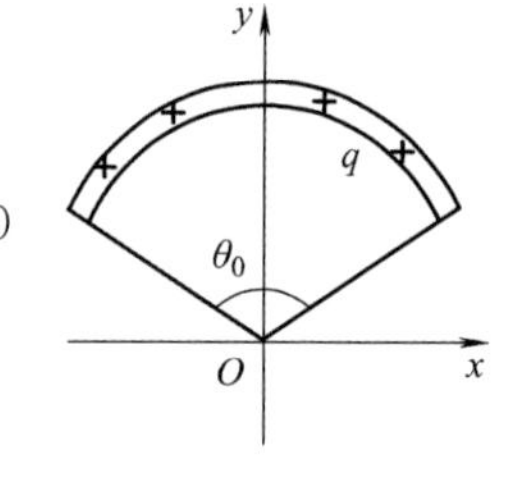

计算题 24-2 解答图

2. **解**　取坐标 xOy 如计算题 24-2 解答图所示，由对称性可知：$E_x=\int dE_x=0$

$$dE_y=\frac{dq}{4\pi\varepsilon_0 a^2}\cos\theta=\frac{\lambda dl}{4\pi\varepsilon_0 a^2}\cos\theta=\frac{\lambda}{4\pi\varepsilon_0 a^2}\cos\theta\cdot a d\theta$$

$$E=E_y=\int_{-\frac{1}{2}\theta_0}^{\frac{1}{2}\theta_0}\frac{\lambda}{4\pi\varepsilon_0 a}\cos\theta d\theta=\frac{q}{2\pi\varepsilon_0 a^2\theta_0}\sin\frac{\theta_0}{2}$$

$$\boldsymbol{E}=-\frac{q}{2\pi\varepsilon_0 a^2\theta_0}\sin\frac{\theta_0}{2}\boldsymbol{j}$$

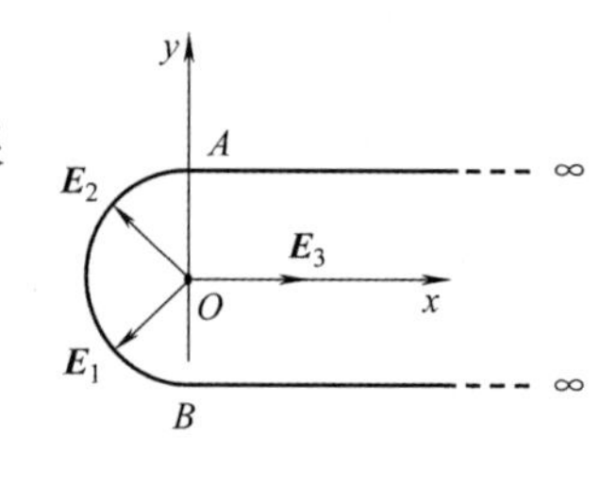

计算题 24-3 解答图

3. **解**　以 O 点作坐标原点，建立坐标如计算题 24-3 解答图所示。半无限长直线 $A\infty$ 在 O 点产生的电场强度为　$\boldsymbol{E}_1=\dfrac{\lambda}{4\pi\varepsilon_0 R}(-\boldsymbol{i}-\boldsymbol{j})$

半无限长直线 $B\infty$ 在 O 点产生的电场强度为　$\boldsymbol{E}_2=\dfrac{\lambda}{4\pi\varepsilon_0 R}(-\boldsymbol{i}+\boldsymbol{j})$

半圆弧线段在 O 点产生的电场强度为　$\boldsymbol{E}_3=\dfrac{\lambda}{2\pi\varepsilon_0 R}\boldsymbol{i}$

由电场强度叠加原理，O 点合电场强度为　$\boldsymbol{E}=\boldsymbol{E}_1+\boldsymbol{E}_2+\boldsymbol{E}_3=0$

4. **解**　电荷面密度为 σ 的无限大均匀带电平面在任意点的电场强度大小为　$E=\dfrac{\sigma}{2\varepsilon_0}$，

半径为 R 的均匀带电圆盘轴线上距盘心 a 的电场强度为　$E_1=\dfrac{\sigma}{2\varepsilon_0}\left(1-\dfrac{a}{\sqrt{a^2+R^2}}\right)$

根据题意，令 $E_1=E/2=\sigma/(4\varepsilon_0)$，得到　$R=\sqrt{3}a$

练习二十五

一、选择题

1. A　2. C　3. D　4. A　5. D

二、填空题

1. $\pi R^2 E$；　2. $\dfrac{q}{24\varepsilon_0}$；

3. $\dfrac{1}{4\pi\varepsilon_0}\dfrac{Q_a}{r^2}$；　4. $\dfrac{\lambda_1+\lambda_2}{2\pi\varepsilon_0 r}$；

5. $E_A=-\dfrac{3\sigma}{2\varepsilon_0}$，$E_B=-\dfrac{\sigma}{2\varepsilon_0}$，$E_C=\dfrac{\sigma}{2\varepsilon_0}$，$E_D=\dfrac{3\sigma}{2\varepsilon_0}$。

三、计算题

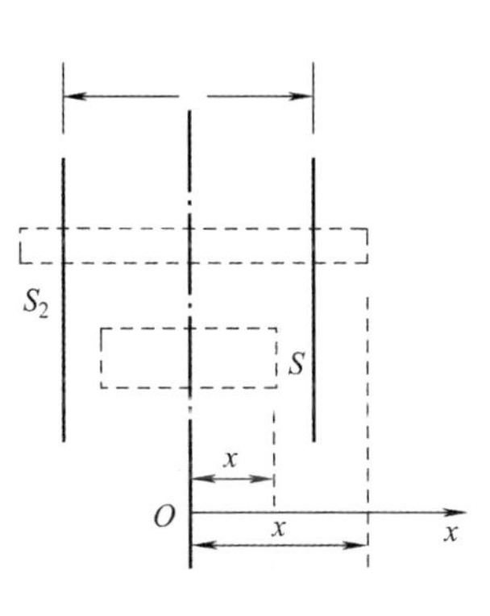

计算题 25-1 解答图

1. **解**　作圆柱高斯面 S_1、S_2，如计算题 25-1 解答图所示，由高斯定理得

平板内区域$\left(|x|<\dfrac{d}{2}\right)$：$2E_1\cdot\Delta S=\dfrac{1}{\varepsilon_0}\rho\cdot 2d_1\Delta S$，$E_1=\dfrac{\rho x}{\varepsilon_0}$

平板外区域$\left(|x|>\dfrac{d}{2}\right)$：$2|E_2|\cdot\Delta S=\dfrac{1}{\varepsilon_0}\rho\cdot 2d\cdot\Delta S$

即　$x>\dfrac{d}{2}$ 时 $E_2=\dfrac{\rho d}{2\varepsilon_0}$，$x<\dfrac{d}{2}$ 时 $E_2=-\dfrac{\rho d}{2\varepsilon_0}$

2. **解**　在球内取半径为 r、厚为 $\mathrm{d}r$ 的薄球壳，求得该壳内所包含的电荷为

$$\mathrm{d}q=Ar4\pi r^2\,\mathrm{d}r=4\pi Ar^3\,\mathrm{d}r\qquad(r\leqslant R)$$

该带电球体所带电荷量为　$Q=\int_V\mathrm{d}q=\int_0^r 4A\pi r^3\,\mathrm{d}r=\pi Ar^4$

以该球面为高斯面，按高斯定理有　$E\cdot 4\pi r^2=\pi Ar^4/\varepsilon_0$

解得　$E=\dfrac{Ar^2}{4\varepsilon_0}$（$r\leqslant R$）；

$A>0$，方向向外；$A<0$，方向向内。

在球体外作一半径为 r 的同心高斯球面，按高斯定理有 $E\cdot 4\pi r^2=\pi AR^4/\varepsilon_0$

解得　$E=\dfrac{AR^4}{4\varepsilon_0 r^2}$（$r>R$）；

$A>0$，方向向外；$A<0$，方向向内。

3. **解**　设想地球为一均匀带电球面，总面积为 S，则它所带总电荷量为

$$q=\varepsilon_0\oiint_S \boldsymbol{E}\cdot\mathrm{d}\boldsymbol{S}=\varepsilon_0 ES$$

单位面积上所带电荷量为　$\sigma=\dfrac{q}{S}=\varepsilon_0 E$

额外电子数为

$$n=\frac{\sigma}{e}=\frac{\varepsilon_0 E}{e}=\frac{8.85\times10^{-12}\times120}{1.6\times10^{-19}}/\mathrm{m}^2=6.64\times10^9\ /\mathrm{m}^2=6.64\times10^5\ /\mathrm{cm}^2$$

练习二十六

一、选择题

1. D　2. C　3. D　4. A　5. A

二、填空题

1. $\oint_L \boldsymbol{E}\cdot\mathrm{d}\boldsymbol{l}=0$，保守；　2. Ed；　3. $\dfrac{q_0 q}{4\pi\varepsilon_0}\left(\dfrac{1}{r_a}-\dfrac{1}{r_b}\right)$；　4. $\dfrac{q}{6\pi\varepsilon_0 R}$；
5. $-2\times10^{-3}\,\mathrm{V}$；　6. $-8.0\times10^{-15}\,\mathrm{J}$，$-5\times10^{4}\,\mathrm{V}$

三、计算题

1. **解**　以无穷远处为电势零点，电荷系 q_1、q_2、q_3、q_4 在正方形中心 O 点产生的电势为

$$V=V_1+V_2+V_3+V_4=\frac{q_1+q_2+q_3+q_4}{4\pi\varepsilon_0\left(\dfrac{\sqrt{2}}{2}a\right)}=\frac{q}{2\sqrt{2}\pi\varepsilon_0 a}$$

点电荷 q_0 从无穷远处移动到正方形中心 O 点电势能增量为

$$\Delta W_{\mathrm{ep}}=q_0(V_O-V_\infty)=q_0 V_O=\frac{qq_0}{2\sqrt{2}\pi\varepsilon_0 a}$$

2. **解**　设内球上所带电荷为 Q，则两球间的电场强度的大小为

$$E=\frac{1}{4\pi\varepsilon_0}\frac{q}{r^2}\qquad(R_1<r<R_2)$$

两球的电势差　$U=\int_{R_1}^{R_2}\boldsymbol{E}\cdot\mathrm{d}\boldsymbol{l}=\dfrac{Q}{4\pi\varepsilon_0}\left(\dfrac{1}{R_1}-\dfrac{1}{R_2}\right)$

$$Q=\frac{4\pi\varepsilon_0 UR_1R_2}{R_2-R_1}=\frac{4\pi\times8.85\times10^{-12}\times450\times0.03\times0.01}{0.03-0.01}\mathrm{C}=2.14\times10^{-9}\mathrm{C}$$

3. **解**　设导线上的电荷密度为 λ，与导线同轴作单位长度、半径为 $r(R_1<r<R_2)$ 的高斯圆柱面，根据高斯定理有　$2\pi rE=\dfrac{\lambda}{\varepsilon_0}$　得到　$E=\dfrac{\lambda}{2\pi\varepsilon_0 r}$ $(R_1<r<R_2)$，方向沿半径指向圆筒，导线与圆筒之间的电势差：

$$U=\int_{R_1}^{R_2}\boldsymbol{E}\cdot\mathrm{d}\boldsymbol{r}=\frac{\lambda}{2\pi\varepsilon_0}\int_{R_1}^{R_2}\frac{\mathrm{d}r}{r}=\frac{\lambda}{2\pi\varepsilon_0}\ln\frac{R_2}{R_1},\quad 则\ E=\frac{U}{r\ln(R_2/R_1)}$$

导线表面处　$E_1=\dfrac{U}{R_1\ln(R_2/R_1)}$，　圆筒表面处　$E_2=\dfrac{U}{R_2\ln(R_2/R_1)}$

四、证明题

1. **证明**　如果存在电场线为一系列不均匀分布的平行直线的静电场，显然电场强度大小在沿电场线方向上是相等的，而在垂直方向上则不相等，在场中作一矩形闭合回路 $abcda$，让 ab、cd 与电场强度平行，bc 与 ad 垂直电场强度方向。设沿 ab 段电场强度为 $\boldsymbol{E}_1$，沿 cd 段电场强度为 $\boldsymbol{E}_2$，由电场线疏密程度可知 $E_1>E_2$。

电场强度对回路的线积分为

$$\oint_{abcda}\boldsymbol{E}\cdot\mathrm{d}\boldsymbol{l}=\int_a^b\boldsymbol{E}\cdot\mathrm{d}\boldsymbol{l}+\int_b^c\boldsymbol{E}\cdot\mathrm{d}\boldsymbol{l}+\int_c^d\boldsymbol{E}\cdot\mathrm{d}\boldsymbol{l}+\int_d^a\boldsymbol{E}\cdot\mathrm{d}\boldsymbol{l}$$

$$=\int_a^b E_1\,\mathrm{d}l-\int_c^d E_2\,\mathrm{d}l=(E_1-E_2)\,\overline{ab}\neq0$$

a　b　d　c

证明题 26-1 解答图

上式说明，该假想的电场不遵守静电场的环路定理，即这样的静电场不存在。

练习二十七

一、选择题

1.C　2.C　3.C　4.B　5.D　6.D

二、填空题

1. 0，$\dfrac{\lambda\theta}{2\pi\varepsilon_0}$；

2. 0，$\dfrac{Q}{4\pi\varepsilon_0 R}$；

3. $-\dfrac{Qq}{4\pi\varepsilon_0 R}$；　　4. $\dfrac{Q}{4\pi\varepsilon_0 R}\left(1-\dfrac{\Delta S}{4\pi R^2}\right)$

三、计算题

1. **解**　在运动过程中，带电小球只受静电场力作用，机械能守恒，故有

$$\frac{1}{2}mv_A^2+qV_A=\frac{1}{2}mv_B^2+qV_B\text{，解得 }v_A=\sqrt{v_B^2+\frac{2q}{m}(V_B-V_A)}$$

2. **解**　(1) 如计算题 27-2 解答图所示，以球心为原点作坐标轴 r 轴，根据高斯定理，空间的电场强度分布为

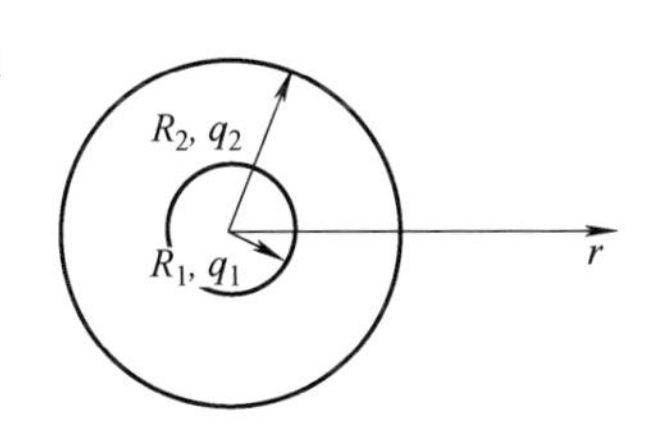

计算题 27-2 解答图

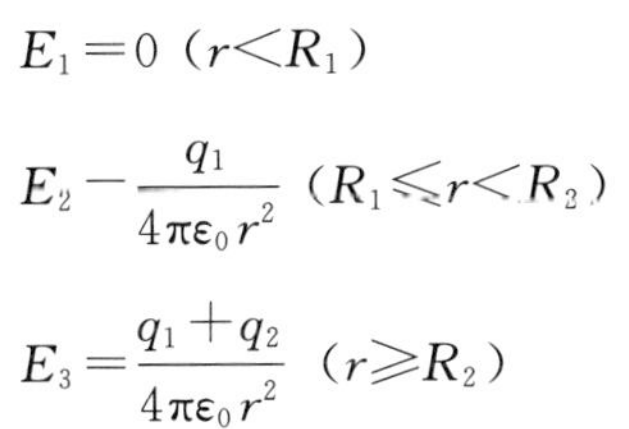

$$E_1=0\ (r<R_1)$$

$$E_2-\frac{q_1}{4\pi\varepsilon_0 r^2}\ (R_1\leqslant r<R_2)$$

$$E_3=\frac{q_1+q_2}{4\pi\varepsilon_0 r^2}\ (r\geqslant R_2)$$

以无穷远处为电势零点，根据电势的定义，距球心距离为 r 的位置 A 处的电势为

$$V=\int_A^\infty \boldsymbol{E}\cdot \mathrm{d}\boldsymbol{l}=\int_r^\infty E\,\mathrm{d}r$$

解得　$r<R_1, V_1=\int_r^{R_1}E_1\,\mathrm{d}r+\int_{R_1}^{R_2}E_2\,\mathrm{d}r+\int_{R_2}^{\infty}E_3\,\mathrm{d}r=\dfrac{q_1}{4\pi\varepsilon_0 R_1}+\dfrac{q_2}{4\pi\varepsilon_0 R_2}$

$R_1\leqslant r<R_2, V_2=\int_r^{R_2}E_2\,\mathrm{d}r+\int_{R_2}^{\infty}E_3\,\mathrm{d}rE_2=\dfrac{q_1}{4\pi\varepsilon_0 r}+\dfrac{q_2}{4\pi\varepsilon_0 R_2}$

$r\geqslant R_2, V_3=\int_r^{\infty}E_3\,\mathrm{d}r=\dfrac{q_1+q_2}{4\pi\varepsilon_0 r}$

(2) 两球间的电势差为

$$U_{12}=\int_{R_1}^{R_2}E_2\,\mathrm{d}r=\frac{q_1}{4\pi\varepsilon_0}\left(\frac{1}{R_1}-\frac{1}{R_2}\right)$$

3. **解**　在实心球体上取半径为 r'、厚度为 $\mathrm{d}r'$、与实心球体同心的薄球壳，薄球壳在 r（$r>R$）处产生的电势为

$$\mathrm{d}V=\frac{\mathrm{d}Q}{4\pi\varepsilon_0 r}=\frac{4\pi r'^2\rho_0 r'\,\mathrm{d}r'}{4\pi\varepsilon_0 r}=\frac{\rho_0 r'^3\,\mathrm{d}r'}{\varepsilon_0 r}$$

根据电势叠加原理，r（$r>R$）处的电势为

$$V=\int \mathrm{d}V=\int_0^R\frac{\rho_0 r'^3\,\mathrm{d}r'}{\varepsilon_0 r}=\frac{\rho_0 R^4}{4\varepsilon_0 r}$$

练习二十八

一、选择题

1.B　2.B　3.B　4.B　5.D　6.C

二、填空题

1. $\frac{\sigma}{\varepsilon_0}$，当 $\sigma>0$ 时，方向垂直于导体表面向外，当 $\sigma<0$ 时，方向垂直于导体表面向里；

2. $-q$，$-q$；　3. $\frac{q}{4\pi\varepsilon_0 a}$；　4. $-q$，球壳外的整个空间；　5. $\frac{q}{4\pi\varepsilon_0}\left(\frac{1}{d}-\frac{1}{R}\right)$；　6. $-\frac{\sigma}{2}$，$\frac{\sigma}{2}$。

三、计算题

1. **解**　(1) 由静电感应，金属球壳的内表面上有感应电荷 $-q$，外表面上带电荷 $q+Q$。

(2) 不论球壳内表面上的感应电荷是如何分布的，因为任一电荷元离 O 点的距离都是 a，所以由这些电荷在 O 点产生的电势为　$V_{-q}=\frac{\int \mathrm{d}q}{4\pi\varepsilon_0 a}=\frac{-q}{4\pi\varepsilon_0 a}$

(3) 球心 O 点处的总电势为分布在球壳内外表面上的电荷和电荷 q 在 O 点产生的电势的代数和，即　$V_O=V_q+V_{-q}+V_{Q+q}=\frac{q}{4\pi\varepsilon_0 r}-\frac{q}{4\pi\varepsilon_0 a}+\frac{Q+q}{4\pi\varepsilon_0 b}=\frac{q}{4\pi\varepsilon_0}\left(\frac{1}{r}-\frac{1}{a}+\frac{1}{b}\right)+\frac{Q}{4\pi\varepsilon_0 b}$

2. **解**　设内球带电荷 q_1，则

$V=\frac{1}{4\pi\varepsilon_0}\left(\frac{Q+q_1}{R_3}-\frac{q_1}{R_2}+\frac{q_1}{R_1}\right)$　由此得　$q_1=\frac{4\pi\varepsilon_0 R_1R_2R_3V-R_1R_2Q}{R_2R_3-R_1R_3+R_1R_2}$

$r<R_1$，　$V_1=V$，　$E_1=0$

$R_1<r<R_2$，　$V_2=\frac{1}{4\pi\varepsilon_0}\left(\frac{Q+q_1}{R_3}-\frac{q_1}{R_2}+\frac{q_1}{r}\right)$，$E_2=\frac{q_1}{4\pi\varepsilon_0 r^2}$

$R_2<r<R_3$，$V_3=\frac{1}{4\pi\varepsilon_0}\frac{Q+q_1}{R_3}$，$E_3=0$

$r>R_3$，　$V_4=\frac{Q+q_1}{4\pi\varepsilon_0 r}$，$E_4=\frac{Q+q_1}{4\pi\varepsilon_0 r^2}$

3. **解**　(1) 球心处的电势为两个同心带电球面各自在球心处产生的电势的叠加，即

$$V_0=\frac{1}{4\pi\varepsilon_0}\left(\frac{q_1}{r_1}+\frac{q_2}{r_r}\right)=\frac{1}{4\pi\varepsilon_0}\left(\frac{4\pi r_1^2\sigma}{r_1}+\frac{4\pi r_2^2\sigma}{r_2}\right)=\frac{\sigma}{\varepsilon_0}(r_1+r_2)$$

$$\sigma=\frac{V_0\varepsilon_0}{r_1+r_2}=\frac{300\times8.85\times10^{-12}}{0.1+0.2}\mathrm{C/m^2}=8.85\times10^{-9}\mathrm{C/m^2}$$

(2) 设外球面上放电后电荷面密度为 σ'，则应有　$V_0=\frac{1}{\varepsilon_0}(\sigma r_1+\sigma' r_2)=0$

即　$\sigma'=-\frac{r_1}{r_2}\sigma$，所以外球面上应变成带负电，共应放掉电荷

$$q=4\pi r_2^2(\sigma-\sigma')=4\pi r_2^2\sigma\left(1+\frac{r_1}{r_2}\right)=4\pi\sigma r_2(r_1+r_2)$$

$$=4\pi\varepsilon_0 V_0 r_2=4\pi\times8.85\times10^{-12}\times300\times0.2\mathrm{C}=6.67\times10^{-9}\mathrm{C}$$

练习二十九

一、选择题

1. C　2. C　3. A　4. A　5. B

二、填空题

1. $\boldsymbol{D}=\varepsilon_0\varepsilon_r\boldsymbol{E}$；　2. $\dfrac{\lambda}{2\pi r}$，$\dfrac{\lambda}{2\pi\varepsilon_0\varepsilon_r r}$；　3. $\dfrac{r_1^2}{r_2^2}$；　4. $\dfrac{q}{4\pi\varepsilon_0\varepsilon_r R}$。

三、计算题

1. **解**　板间距远小于平板的线度，可将平行板近似看作无限大，有　$E=\dfrac{\sigma}{\varepsilon_0\varepsilon_r}=\dfrac{Q}{\varepsilon_0\varepsilon_r S}$

解得　$\varepsilon_r=\dfrac{Q}{\varepsilon_0 ES}=\dfrac{8.9\times10^{-7}}{8.85\times10^{-12}\times1.4\times10^6\times100\times10^{-4}}=7.18$

2. **解**　如计算题29-2解答图所示，以水平向右为电场正方向，根据有介质时的高斯定理，可得

$$D_1=-(\sigma_A+\sigma_B)/2,\quad D_2=(\sigma_A-\sigma_B)/2,\quad D_3=(\sigma_A+\sigma_B)/2$$

因此　$E_1=\dfrac{D_1}{\varepsilon_0\varepsilon_r}=-\dfrac{\sigma_A+\sigma_B}{2\varepsilon_0\varepsilon_r}=-\dfrac{E_0}{3}$，$E_2=\dfrac{D_2}{\varepsilon_0\varepsilon_r}=\dfrac{\sigma_A-\sigma_B}{\varepsilon_0\varepsilon_r}=-E_0$

$$E_3=\frac{D_3}{\varepsilon_0\varepsilon_r}=\frac{\sigma_A+\sigma_B}{\varepsilon_0\varepsilon_r}=\frac{E_0}{3}$$

计算题29-2解答图

解得　$\sigma_A=-\dfrac{2}{3}\varepsilon_0\varepsilon_r E_0$，$\sigma_B=\dfrac{4}{3}\varepsilon_0\varepsilon_r E_0$

3. **解**　(1) 由电介质中的高斯定理得：$r<R$，　$D=0$

$r>R$，　$D=\dfrac{Q}{4\pi r^2}$，　$\boldsymbol{D}$ 的方向均沿径向向外。

又由 $\boldsymbol{D}=\varepsilon_0\varepsilon_r\boldsymbol{E}$，得　　$r<R$，　$E=0$

$$R<r<a,\quad E=\frac{Q}{4\pi\varepsilon_0 r^2}$$

$$a<r<b,\quad E=\frac{Q}{4\pi\varepsilon_0\varepsilon_r r^2}$$

$$r>b,\quad E=\frac{Q}{4\pi\varepsilon_0 r^2}$$

$\boldsymbol{E}$ 的方向与 $\boldsymbol{D}$ 的方向相同，沿径向向外。

4. **解**　分别取半径为 r_1、r_2、r_3 的高斯球面，利用高斯定理得

$$E_a=0$$

$$E_b=\frac{Q_1}{4\pi\varepsilon_0\varepsilon_r r_2^2}\text{，方向沿径向向外；}$$

$$E_c=\frac{Q_1+Q_2}{4\pi\varepsilon_0 r_3^2}\text{，方向沿径向向外。}$$

$$r_1<R_1,\ V_a=\int_{r_1}^{\infty}E\mathrm{d}r=\int_{R_1}^{R_2}E_b\mathrm{d}r+\int_{R_2}^{\infty}E_c\mathrm{d}r=\frac{Q_1}{4\pi\varepsilon_0\varepsilon_r}\left(\frac{1}{R_1}-\frac{1}{R_2}\right)+\frac{Q_1+Q_2}{4\pi\varepsilon_0 R_2}$$

$$R_1<r_2<R_2,\ V_b=\int_{r_2}^{\infty}E\mathrm{d}r=\int_{r_2}^{R_2}E_b\mathrm{d}r+\int_{R_2}^{\infty}E_c\mathrm{d}r=\frac{Q_1}{4\pi\varepsilon_0\varepsilon_r}\left(\frac{1}{r_2}-\frac{1}{R_2}\right)+\frac{Q_1+Q_2}{4\pi\varepsilon_0 R_2}$$

$$r_3>R_2,\ V_c=\int_{r_3}^{\infty}E_c\mathrm{d}r=\int_{r_3}^{\infty}\frac{Q_1+Q_2}{4\pi\varepsilon_0 r^2}\mathrm{d}r=\frac{Q_1+Q_2}{4\pi\varepsilon_0 r_3}$$

练习三十

一、选择题

1.C　2.C　3.C　4.C　5.A　6.D

二、填空题

1. $\dfrac{q}{U_{AB}}$；　2. σ，$\sigma/\varepsilon_0\varepsilon_r$；　3. <；　4. $\varepsilon_r C_0$，$\dfrac{W_0}{\varepsilon_r}$。

三、计算题

1. **解**　(1) 假设两极板所带电荷量为$\pm Q$，插入厚度为t的金属片，金属片由于静电感应产生感应电荷，金属片两侧的感应电荷分别为$\mp Q$，依题意，可近似认为金属片和电容器极板的面积为无限大，根据静电平衡条件，金属片中的电场强度$E=0$，金属片与极板间的电场强度为$E=Q/\varepsilon_0 S$，电容器两极板间电势差为$U=E(d-t)=Q(d-t)/\varepsilon_0 S$，根据定义，电容器电容为$C=Q/U=\varepsilon_0 S/(d-t)$。

(2) 电容器极板间的电位移为　$D=\dfrac{Q}{S}$

介质板与电容器极板间的电场强度为　$E_1=\dfrac{D}{\varepsilon_0}=\dfrac{Q}{\varepsilon_0 S}$，介质板中的电场强度为　$E_2=\dfrac{D}{\varepsilon_0\varepsilon_r}=\dfrac{Q}{\varepsilon_0\varepsilon_r S}$，

因此电容器两极板之间的电势差为　$U=E_1(d-t)+E_2 t=\dfrac{Q}{\varepsilon_0 S}(d-t)+\dfrac{Q}{\varepsilon_0\varepsilon_r S}t$

根据定义，此时电容器的电容为　$C=\dfrac{Q}{U}=\dfrac{\varepsilon_0 S}{d-(1-1/\varepsilon_r)t}$。

2. **解**　根据　$w_e=\dfrac{1}{2}\varepsilon_0\varepsilon_r E^2$，$E=\sqrt{\dfrac{2w_e}{\varepsilon_0\varepsilon_r}}=\sqrt{\dfrac{2\times 1.77\times 10^5}{8.85\times 10^{-12}\times 4}}\text{V/m}=1.0\times 10^8\text{V/m}$

3. **解**　由高斯定理，两筒之间的电场强度为　$E=\dfrac{Q}{2\pi\varepsilon_0\varepsilon_r L r}$，

(1) 两筒间的电势差为　$U=\int_a^b E\,\mathrm{d}r=\dfrac{Q}{2\pi\varepsilon_0\varepsilon_r L}\ln\dfrac{b}{a}$，　所以，电容　$C=\dfrac{Q}{U}=\dfrac{2\pi\varepsilon_0\varepsilon_r L}{\ln(b/a)}$，

(2) 电容器储存的能量　$W=\dfrac{1}{2}CU^2=\dfrac{Q^2}{4\pi\varepsilon_0\varepsilon_r L}\ln\dfrac{b}{a}$

4. **解**　(1) 根据题意，内球带电荷量为$Q_1=Q=3.0\times 10^{-8}\text{C}$，设球的半径为$r_1$，根据静电平衡条件，电荷均匀分布在内球外表面上。

导体球壳所带电荷量为$Q_2=0$，设导体球壳内外半径分别r_2、r_3，根据静电平衡条件，导体球壳内表面电荷量为$-Q_1$，外表面电荷量为Q_1。

由高斯定理，球与球壳之间以及球壳外电场强度均为$E=\dfrac{Q}{4\pi\varepsilon_0 r^2}$，球内、球壳内电场强度均为0。

外球壳的电势　$V_2=\int_{r_3}^{\infty}\dfrac{Q}{4\pi\varepsilon_0 r^2}\mathrm{d}r=\dfrac{Q}{4\pi\varepsilon_0 r_3}=5.4\times 10^3\text{V}$

内球的电势　$V_1=\int_{r_1}^{r_2}\dfrac{Q}{4\pi\varepsilon_0 r^2}\mathrm{d}r+\int_{r_3}^{\infty}\dfrac{Q}{4\pi\varepsilon_0 r^2}\mathrm{d}r=\dfrac{Q}{4\pi\varepsilon_0}\left(\dfrac{1}{r_1}-\dfrac{1}{r_2}+\dfrac{1}{r_3}\right)=1.215\times 10^4\text{V}$

因此，系统的静电能为　$W_e=\dfrac{1}{2}Q_2V_2+\dfrac{1}{2}Q_1V_1=\dfrac{1}{2}Q_1V_1=1.8\times 10^{-4}\text{J}$

(2) 用导线把壳与球连接在一起，此时$Q_1=0$，$Q_2=Q$，球壳以内为一等势体。

$$V_1=V_2=\dfrac{Q}{4\pi\varepsilon_0 r_3},\ W_e=\dfrac{1}{2}Q_2V_2=\dfrac{1}{2}QV_2=8.1\times 10^{-5}\text{J}$$